Global Energy Interconnection
Development and Cooperation Organization

全球能源互联网发展合作组织

生物多样性与能源电力革命

全球能源互联网发展合作组织

U0381700

中国电力出版社
CHINA ELECTRIC POWER PRESS

| 前　言

　　生物多样性是人类赖以生存和发展的重要基础，关乎子孙后代和人类福祉，关乎永续发展和文明兴衰。进入工业文明以来，人类在创造巨大物质财富的同时，也加速了对自然资源的攫取，打破了地球生态系统平衡，带来了生物多样性丧失和环境破坏等重大危机。当前，人类正处于第六次物种大灭绝边缘，全球物种灭绝速度不断加快，生态系统退化形势严峻，生物多样性丧失对人类生存和发展构成严重威胁。

　　为应对挑战，联合国向全球发出广泛号召，引导国际社会加强对生物多样性重要性的认识，积极推动各国实施生物多样性保护行动，于 1992 年推动各国共同签署了《联合国生物多样性公约》，于 2010 年通过了《2011—2020 年生物多样性战略计划》，有力促进了生物多样性全球治理体系建设。

　　从现实看，尽管保护生物多样性、保障生物资源可持续利用已形成广泛共识，但各国行动还远远不够，生物多样性战略计划执行缓慢。世界正处在应对危机的十字路口，亟须以大格局、大思路找到促进生物多样性保护的系统方案，推动实现"人与自然和谐相处"目标。2020 年 9 月 30 日，中国国家主席习近平在联合国生物多样性峰会上指出，"'生态文明：共建地球生命共同体'既是明年昆明大会的主题，也是人类对未来的美好寄语"，生物多样性保护成为共建生态文明、打造地球生命共同体的重要内容，为全球生物多样性保护提供了中国智慧。

　　从全球范围看，造成全球生物多样性破坏的原因主要可以归结为栖息地破坏、生物资源过度消耗、气候变化、环境污染、生物入侵五个方面。不合理的能源发展方式是导致上述问题不断加剧的关键因素。工业革命以来，化石能源长期大规模开发利用，产生大量温室气体和有害物质，造成温度上升、环境破坏、资源紧张，严重威胁全球生物多样性。特别是气候危机加速袭来，很可能在未来几十年演化成全球性生态危机，给地球生物带来巨大灾难。面对日益严峻的形势，关键要抓住能源这个"牛鼻子"，加快能源电力革命，减缓和消除化石能源开发利用对生物多样性的破坏，实现能源电力与生物多样性协同治理。

全球能源互联网是能源生产清洁化、配置广域化、消费电气化的新型能源系统，是清洁能源在全球范围大规模开发、输送和使用的重要平台。构建全球能源互联网是实现世界能源电力革命的根本途径，能够改变经济社会依赖化石能源的发展路径，推动建立"零污染、零碳排放、高效率"的新型能源发展模式，彻底解决化石能源这一影响和制约生物多样性的关键问题，促进能源与生态环境协调可持续发展，为保护生物多样性提供有效解决方案，为推动生态文明建设、打造地球生命共同体注入新动能。

全球能源互联网作为引领世界能源转型与可持续发展的系统方案，得到国际社会广泛认同，被纳入联合国落实《2030年议程》，促进《巴黎协定》实施，推动全球环境治理，解决无电、贫困、健康问题等工作框架，连续四年写入联合国高级别政治论坛政策建议成果文件。联合国秘书长古特雷斯称赞，构建全球能源互联网是实现人类可持续发展的核心和全球包容性增长的关键，对落实联合国《2030年议程》和《巴黎协定》至关重要。

近年来，全球能源互联网发展合作组织大力推进全球能源互联网促进可持续发展研究，相继发布全球能源互联网落实联合国《2030年可持续发展议程》，促进《巴黎协定》实施，促进全球环境治理，解决无电、贫困、健康问题等行动计划。在此基础上，全球能源互联网发展合作组织结合工作实践，对能源电力与生物多样性的关系进行大量调查研究，完成《生物多样性与能源电力革命》一书。本书系统分析生物多样性的重大意义，梳理全球生物多样性保护的现状与挑战，剖析了导致生物多样性危机的主要驱动因素。在此基础上，研究揭示了以化石能源为主体的不合理能源发展方式是导致生物多样性破坏的重要根源，提出以全球能源互联网推动能源电力革命、保护生物多样性的新思路、新方案和行动路线图，为推动世界能源电力革命、促进生物多样性保护提供可操作、可实施、可复制的一揽子解决方案。全书共分为7章：

第1章阐述生物多样性的内涵及其对促进经济社会发展、构建地球生命共同体、实现世界可持续发展和推动人类文明进步的重大意义。

第 2 章从物种、生态系统和遗传三个方面系统梳理全球生物多样性危机现状，回顾全球工作进展，分析生物多样性保护面临的危机加速蔓延、思想认识不足、行动严重滞后、解决方案缺失、保障措施不力等严峻挑战。

第 3 章从栖息地破坏、生物资源过度消耗、气候变化、环境污染、生物入侵五个方面，系统分析了导致全球生物多样性破坏的主要驱动因素，并对未来发展趋势及其与能源的关系进行了研判。

第 4 章围绕生物多样性危机的五大驱动因素，深入分析能源开发利用与生物多样性破坏的内在联系，揭示不合理能源发展方式对气候变化、环境污染、栖息地破坏、生物资源过度消耗、生物入侵产生的重要影响。

第 5 章论述能源电力革命对保护生物多样性的重大意义，提出以全球能源互联网推动能源电力革命、促进生物多样性保护的发展思路、理论架构和实施路径，阐述构建全球能源互联网是促进生物多样性保护的系统解决方案，能够根本解决气候变化问题，全面治理环境污染，大幅减少栖息地破坏，有效促进生物资源可持续利用，有力推动生态修复。

第 6 章结合各大洲生物多样性保护和能源电力发展，提出全球能源互联网促进生物多样性保护的方案和路线图，包括 6 个子方案及 21 项举措，为各洲推动构建全球能源互联网、促进生物多样性保护提供行动指引。

第 7 章从规划统筹、政策保障、金融投资、国际合作、能力建设五个方面，提出机制创新方向和重点内容，并展望以全球能源互联网促进生物多样性的前景，呼吁各方共促全球生物多样性保护，共建地球生命共同体。

全球能源互联网发展合作组织长期致力于能源转型和世界可持续发展。希望本书能为联合国、各国政府制定政策和规划，推动能源电力革命和生物多样性保护提供参考，为企业和机构开展相关行动提供借鉴，为扭转全球生物多样性丧失趋势、构建地球生命共同体贡献一份力量。由于时间和专业水平所限，如有疏漏和不足之处，欢迎各位读者批评指正。全球能源互联网发展合作组织愿与社会各界一道，共促全球生物多样性保护，开创人与自然和谐共生的美好未来！

目　录 |

图目录

表目录|

|专栏目录

1 生物多样性意义重大

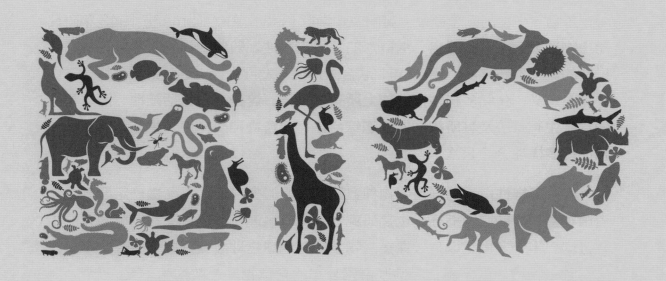

生物多样性是人类赖以生存的物质条件，是生态安全和粮食安全的根本保障，是经济社会永续发展的重要基础。生物多样性保护与应对气候变化、生态环境治理是国际社会重点关注的三大问题。当前，生物多样性面临严重威胁，保护生物多样性、保障生物资源可持续利用是各国的共同责任。2020 年 9 月 30 日，中国国家主席习近平在联合国生物多样性峰会上指出，"'生态文明：共建地球生命共同体'既是明年昆明大会的主题，也是人类对未来的美好寄语"。深刻认识生物多样性的内涵及其重大意义，对进一步加强生物多样性保护、协调经济发展和环境保护关系、维系生态系统平衡至关重要。

1.1 生物多样性内涵

生物多样性的概念最早由英国生物学家 Fisher 和 Willams 于 1943 年研究昆虫物种多度关系时提出，指群落的特征或属性。随着生物学科发展，生物多样性的概念不断丰富。1992 年，联合国环境与发展大会上通过的《生物多样性公约》定义，**生物多样性指地球上所有生物体，这些来源包括陆地、海洋和其他水生生态系统及其所构成的生态综合体，包含物种多样性、生态系统多样性和遗传多样性 3 个层次**。

物种多样性指不同群落中物种数量和丰度的多样性，是衡量一定区域生物资源丰富程度的重要指标，也是研究物种规模、演化及可持续利用等问题的主要方向。半个多世纪以来，许多生物学家对地球物种数量开展了研究，不同方法得到的物种总数不同，目前联合国公布的全球物种总数约为 870 万个，另有研究估计全球物种可能达到 1000 万～1 亿个。全球生物多样性统计如图 1.1 所示。

生态系统多样性指全球或特定区域内陆地和水生生态系统的多样性，包括山地、森林、海洋、湖泊、河流、湿地、草地及沙漠等，影响物种的生理、生活及分布格局等。

遗传多样性指生物种群内和种群间遗传物质即基因的多样性，包含地球上所有生物遗传变异的总和，是揭示生物进化、地理分异、物种形成规律的重要工具。

图 1.1　全球生物多样性统计[1]

生物多样性的形成是生物与环境协同进化的产物。生物与环境经过长期相互作用建立相对稳定的互利共生关系，维持生态系统平衡。生物多样性的形成是新物种从旧物种中分化、诞生的过程，主要经历基因突变（或重组）、自然选择两个阶段，其中基因突变（或重组）为物种形成提供原料，自然选择是进化的主导因素，地理隔离是必要条件。例如，北极狐和灰狐是由早期生活在北美洲的狐狸种群分别向北、向南扩散，产生地理隔离，长期承受不同环境压力而形成的两个不同物种，如图 1.2 所示。

生物多样性的分布格局具有规律性。生物多样性的空间分布格局受生态环境影响，不同气候带分布着不同的植被类型（水平格局），而同一地理区域受海拔影响，植被分布呈现垂直梯度变化规律（垂直格局）。总体而言，陆地生物多样性呈现从热带向极地（赤道向两极）减少、从低海拔地区向高海拔地区减少、随干旱程度增加而减少的特点。海洋生物多样性水平分布呈现从近岸到大洋、从

---

[1]　资料来源：世界自然基金会，地球生命力报告 2020，2020。

北极狐：分布于北美洲北部，拥有很厚的皮毛、短耳、短腿和短鼻子，适应寒冷气候

灰狐：分布于北美洲南部，拥有轻薄的皮毛、长耳、长腿和长鼻子，有利于散热，适应炎热气候

图 1.2 北极狐、灰狐物种形成

极地到热带大洋逐渐增加的趋势，垂直分布呈现表层、底层高，中间低的沙漏状分布。生物多样性的时间演替格局受季节变化影响，不同季节和环境，温度和降水不同。温带和极地的季节主要是寒季和暖季，而热带和亚热带地区的季节主要是湿季和干季，生物多样性随时间变化而变化。例如，森林植被特别是草本植物春发秋枯，生物多样性受季节影响变化较大。

1.2 生物多样性是经济社会发展的物质基础

提供绝大多数食物。 全球大约有 8 万种植物可食用，经过驯化的粮食作物有 6000 多种，目前小麦、水稻、玉米、马铃薯等 9 个品种已实现大规模种植，年产量超过 20 亿吨，约占世界粮食总产量的 2/3。经过驯化的牛、羊、猪、鸡、鸭等 40 多种家畜、家禽及 10 多种淡水鱼，为人类提供了超过 95% 的肉类消费，如图 1.3 所示，这些驯化生物构成了世界现代农业基础。野生生物是人类食物的重要补充，全球约有 1160 种野生植物被食用，每年人类捕获野生鱼类 9000 万 ~ 1 亿吨，在非洲一些地区，野生动物占当地居民肉类消费的 20% ~ 75%。

提供大部分药品。 近代制药工业诞生前，几乎所有药品都来自动植物，如中国利用野生生物入药已有数千年历史，有记载的药用植物有 5000 多种，常用药物达 1700 种。目前全球仍有 40 亿人健康主要依赖天然药物，包括约 80%

的发展中国家人口和 40% 以上的发达国家人口。随着医药技术发展，虽然许多药品是化学合成的，但原料依然主要来自野生生物，如美国 25% 的药物含有天然植物成分。野生生物种类繁多，人类深入研究的只是极少数，在一些未研究过的生物中，可能含有对抗人类疾病的有效成分。

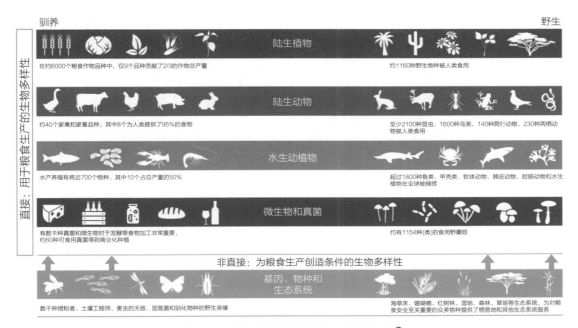

图 1.3 生物多样性提供绝大多数食物[1]

专栏 1-1　　　　　　　　**生物制药**

　　生物制药是指综合利用微生物学、化学、生物化学、生物技术、药学等科学原理制造药品的技术，原料以天然生物材料为主，包括微生物、人体、动物、植物、海洋生物等，见图 1。如红霉素、林可霉素、青霉素、链霉素、庆大霉素等抗生素均来自微生物。

　　生物制药的特点是药理活性高，毒副作用小，营养价值高。全世界超过 50% 的药品是通过生物制药技术生产的，广泛用于治疗癌症、艾滋病、冠心病、贫血、发育不良、糖尿病等疾病。

---

[1] 资料来源：世界自然基金会，地球生命力报告 2020，2020。

图 1　生物制药

提供多种多样的工业原料。 全球经济有 40% 是基于生物产品的，食品、医药、化工及制造等许多工业都以生物为原料。植物主要提供纤维、橡胶、木材、染料、饲料、油料、薪炭、肥料、蜡等，动物主要提供油脂、燃料、皮毛、皮革、蚕丝和羽毛等，微生物用来大规模生产酶制剂、有机溶剂、酒精、氨基酸、维生素、菌肥等。据统计，全球工业原料生物资源约有 7.5 万种。

专栏 1-2　　以生物为原料的主要工业

　　纺织工业 是将天然纤维和化学纤维加工成各种纱、丝、线、带、织物及其染整制品的工业部门，见图 1。原料主要来自自然界或人工培育的动植物产生的天然纤维，植物纤维主要是棉和麻，动物纤维主要是毛和丝。随着近年来合成纤维产量迅速增长，纺织工业原料构成发生了较大变化，但目前天然纤维仍占纺织纤维总产量的一半。

　　食品工业 是以农副产品为原料，通过物理加工或利用发酵等方法制造食品的工业部门，包括粮食及饲料加工业、植物油加工业、肉类蛋类加工业、水产品加工业等，主要是将来自农、林、牧、渔及副业部门生产的初级生物产品转变为高价值的产品，以满足和改善人们物质生活。

图 1　纺织工业

　　橡胶工业是以天然橡胶和合成橡胶为主要原料，以助剂、骨架等为辅助材料制备各种橡胶制品的工业部门，见图 2。天然橡胶主要来自橡胶树上生长的天然胶乳，占全球橡胶消费总量的 46%。全球橡胶制品约有 5 万多种，已广泛应用于汽车、电子、航天航空、医疗、建材和日常生活中。

图 2　橡胶工业

> **木材工业**是以木质材料为原料，经机械加工或化学方法加工，保持产品木材基本特性，综合利用木材资源的工业部门。产品主要包括家具、纸张、包装、车辆、船舶、人造板、胶合木、建筑构件等各种木制品。2018年，全球木材消费总量达3.41亿立方米，中国、美国、加拿大及欧洲国家木材消费约占全球的75%。

支撑科技创新。许多物种都具有独特的功能和优势，对促进科技进步发挥着不可替代的作用。如飞机来自对鸟类的模仿，船和潜艇是对鱼类和海豚的模仿，火箭升空利用水母、墨鱼的反冲原理等。人类利用生物多样性对动植物品种进行改造，有力促进了现代农业科学发展。如中国成功培育的超级杂交水稻，就是发挥野生稻抗病性、抗旱性强的优势，利用野生稻与农田水稻杂交，将抗性基因引入栽培种，产生的新品种大面积提高了稻谷产量，平均亩产超过1000千克（1亩=666.67平方米），显著提升了农业生产力。

专栏 1-3　　　　仿生技术

仿生技术是以生物为研究对象，研究生物结构和功能原理，用于研制或改进机械、仪器、建筑结构和工艺过程的先进技术，是生物学与工程学交叉的综合技术，可分为结构仿生、功能仿生、材料仿生、力学仿生等类型。

结构仿生是构造类似生物体或其中一部分的机械装置，通过结构相近实现功能相似的仿生技术。如英国苏格兰科技公司研制出的i-Limb仿生手，目前全球已有数千名患者安装，如图1（a）所示。

功能仿生是以结构仿生为基础，使人造机械能够实现如思维、感知、运动等高级功能的仿生技术。如雷达是根据蝙蝠发出的超声波在遇到障碍物时反射的原理发明的，如图1（b）所示。

材料仿生是研究与仿照生物的组织结构、化学成分、色彩及生态功能设计和制造出新型材料的仿生技术。例如，在建筑工程中，为减轻钢筋混凝土自重，降低成本，人们受蜂巢启发研制出蜂窝状混凝土。此混凝土具有质轻、减震性好等优点。

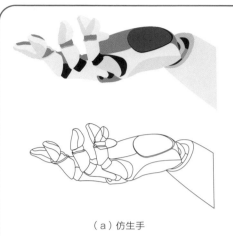

（a）仿生手

（b）雷达

图1　仿生技术应用实例

力学仿生是研究生物精细结构的静力学特性及运动特性的仿生技术。如德国费斯托工程公司研制出的仿生操作助手，可以模拟大象鼻子平稳搬运超重负载。

1.3　生物多样性是构建地球生命共同体的坚实根基

植物、动物和微生物是地球生命的重要组成部分，彼此在食物网（链）中相依共存、相互影响，并与空气、水、土壤、温度、气流等交互作用。这种耦合关系是以生物多样性为前提，将地球所有生命紧密结合在一起，为万物生存、繁衍和进化创造条件，维持生态系统动态平衡，形成维系物质循环、能量流动的地球生命共同体，如图 1.4 所示。

1.3.1　为生物和谐共生提供良好环境

净化空气。天然植被特别是森林，通过光合作用释放氧气，还能吸收有害物质。每生产 1 千克的干物质，会过滤 3110 立方米空气，固定 1.63 千克二氧化碳，释放 1.19 千克氧气，并从大气中除去二氧化硫、氟化氢、氨气等有毒气体，如每公顷（1 公顷=1 万平方米）森林每年吸收 3~6 吨二氧化硫和 0.3~2 吨的氟化物。据统计，全球许多工业城市每年每平方千米地面降尘（烟尘、碳粒、铅、汞等成分）达到 500~1000 吨，一些植物叶面粗糙、茸毛丛生，具有较强的吸尘、滞尘能力，如每公顷松树林、杉树林每年吸附粉尘分别达 36 吨和 32 吨。

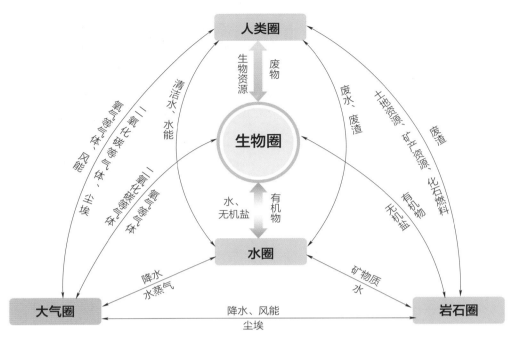

图 1.4　地球物质循环示意图

专栏 1-4　　净化空气的十大树种

马尾松，属松科常绿乔木，针叶和树干分泌的松脂易被氧化，释放低浓度臭氧能清新空气，具有极强的防尘、吸尘能力。

柏树，属柏科常绿乔木，能吸收大气中的二氧化硫和氯气等有毒气体，适宜种植于炼油厂、制药厂、化纤厂、塑料厂等厂区内，见图 1。

图 1　柏树林

银杏，属银杏科落叶乔木，是世界五大观赏名木之一，具有较强吸收粉尘及二氧化硫等有害气体的能力，适宜种植于路旁和庭院内，见图2。

图2 银杏树

国槐，属豆科落叶乔木，树干端直，枝条密生，枝叶可抗二氧化硫等有害气体，还能分泌杀菌素，可杀死一定范围内的细菌。

刺槐，属豆科落叶乔木，对二氧化硫、氯气、光化学烟雾等的抗性都较强，具有较强的吸收铅蒸气的能力。

榆树，属榆科落叶乔木，能吸收二氧化硫、氯、氟等有毒气体，滞尘能力强，每平方米叶片每年吸附粉尘可达10克以上。

臭椿，属苦木科落叶乔木，对二氧化硫、二氧化氮、氯气、硝酸雾等有害气体有较强的抗性，是净化空气的优良树种。

楝树，属楝科落叶乔木，能吸收二氧化硫、氟化氢等有害气体，可防治12种严重的农业害虫，被誉为"植物杀虫剂"。

女贞，属木樨科，对二氧化硫、氯气有较强的抗性，叶片滞尘量较大，每平方米叶片每年吸附粉尘可达6克。

构树，属桑科，对酸和氮氧化物的抗性很强，可用作大气污染严重地区的绿化树种。

涵养水源。发育良好的植被具有调节降雨和径流的作用，在抵御洪水、缓冲干旱、保持水质方面至关重要。植物根系深入土壤，微生物疏松土壤，使土壤形成较多的空隙，对雨水更具渗透性和保水能力，能有效降低洪水泛滥风险。例如，森林生态系统中，天然降雨的 15%～30% 被树冠截留，50%～80% 被地面生物和森林土壤吸收，雨停后缓慢释放，可调节河流汛期和枯水期流量。据测算，每公顷森林可储蓄 500～3000 立方米水，2000 公顷的森林相当于建造一座库容 100 万立方米的水库。

保护土壤。生物群落能保持土壤，防止水土流失、土地贫瘠和山体滑坡。树木和草地枯枝落叶的覆盖，不仅可改善土壤结构，而且可增加地表粗糙度，减轻雨水对土壤的冲刷。同时，由于树冠截留及其根系深入土壤，减缓地表径流，使得土壤对降水的渗透率提高，导致土壤水分流速较裸露地表缓和均匀，植物根系和真菌菌丝还会把土壤颗粒结合起来，这些因素都降低了土壤水蚀的发生及其程度，进而保持土地生产力，防止塌方、泥石流、滑坡等自然灾害，避免湖泊、河流和水库泥沙淤积。

调节气候。生态系统对温度、降水和气流等气候条件有较大调节作用。例如，森林具有庞大的林冠层，能够提供荫蔽，会在地表和大气之间形成一个"绿色调温器"，使得森林内冬暖夏凉、夜暖昼凉，林区夏季气温比非林区低 3～4℃，冬季气温比非林区高 1～2℃。此外，植被通过蒸腾作用，参与自然界的水循环，将大量水分以水蒸气的形式送入大气，并以降雨形式返回地面，维持地区降水平衡，避免极端干燥气候产生，如图 1.5 所示。近年来，南美洲亚马孙流域和非洲西部地区的植被迅速减少，导致有关地区降雨量逐年减少，冬季更冷、夏季更热，极端气候明显加剧。

1.3.2 为物种繁衍进化创造必要条件

维持繁衍。生物之间、生物与环境之间的互相作用维持生物的生存与繁衍。例如，昆虫等动物传粉能够促进植物授粉结果，如图 1.6 所示。世界 75% 的主要作物和 80% 的开花植物都依赖动物传粉。动物传粉的作物提供了全球大部分的粮食，其中 15% 由家养蜜蜂授粉，约 80% 由野生蜜蜂和其他野生动物授粉。另外，世界上约 73% 的栽培作物，如南瓜、可可、腰果、蓝莓、蔓越莓等由各种动物授粉。其中，蜜蜂授粉占 60%，苍蝇授粉占 19%，蝙蝠授粉占 6.5%，甲虫授粉占 5%，鸟类授粉占 4%，蝴蝶和蛾子授粉占 4%，其他占 1.5%[1]。

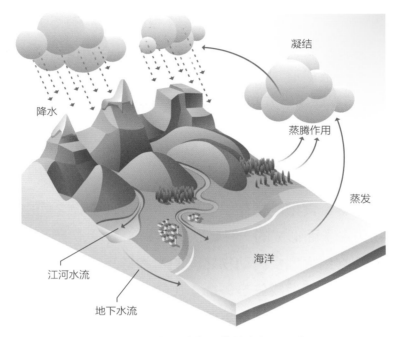

图 1.5　植物蒸腾作用维持水循环平衡

图 1.6　昆虫传粉

---

[1] 资料来源：王慷林、李莲芳，生物多样性导论，北京：科学出版社，2019。

维持进化。基因多样性是生命进化和适应的基础。由于并非每个种群都具有在特殊环境下生存的基因，一旦种群数量锐减或碎片化分布，将使种群基因库变窄，容易出现近亲交配，种群失去变异性无法进化等现象，当面对较大外部压力时，很可能导致种群灭绝。例如，20 世纪初，约有 50 万头犀牛在非洲和亚洲生活，但经过数十年的狩猎和栖息地丧失后，犀牛数量锐减到 2.9 万头，许多犀牛种群只能近亲繁殖，导致产生视力低下、不孕不育等遗传缺陷。2011、2019 年，非洲西部黑犀牛、苏门答腊犀牛相继灭绝，而这些犀牛远不是唯一因数量减少而走向灭绝的大型动物。

1.3.3　为生态系统稳定提供根本保障

丰富全球食物链。食物链是在生态系统中，各种生物之间由于捕食与被捕食关系（即食物关系）而形成的一种链状结构，如图 1.7 所示。大自然的生态平衡就是通过从植物到大型食肉动物之间的食物链来实现的，某一类野生动物种群减少或灭绝，都可能造成生态失衡。生物多样性越丰富，意味着不同物种之间会形成更多不同的取食路径。这些路径将彼此紧密联系在一起，形成相互

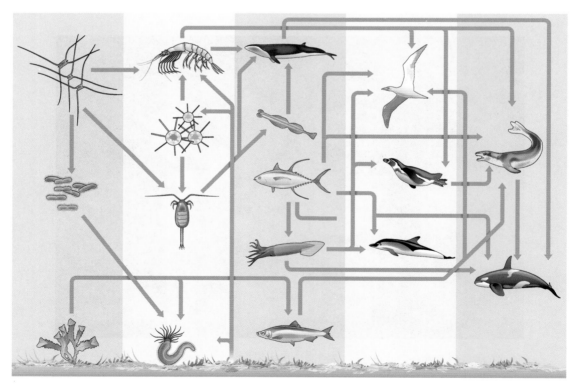

图 1.7　食物链示意图

交织、错综复杂的食物网，在面对环境干扰和压力时，生态系统将拥有更多的应对方式维持稳定，调节能力也就越强。

提高抵御物种入侵能力。在自然界长期进化过程中，每个物种作为生态系统的一个有机组成部分在其原产地生态中处于食物链的相应位置，相互制约、相互协调，将各种群限制在一定栖息地范围并维持一定数量，建立相对稳定的生态系统。外来物种一旦入侵，物种类型和数量少、种间相互作用格局单一或者本地物种对生态资源利用不充分的地区，由于缺乏天敌或竞争者，容易形成优势种群，排挤本地物种而快速增长，对生态系统稳定性产生极大威胁。研究表明，在同一群落结构下，生物多样性越高，对外来物种入侵的抵抗性越强[1]。例如，大陆比岛屿、热带生态系统比温带生态系统更容易抵御入侵等。

1.4　生物多样性是实现世界可持续发展的重要支柱

当今世界可持续发展面临气候变化、环境污染、饥饿和疾病、陆地和海洋生态系统破坏等重大挑战，生物多样性依赖自身强大的调节力和复原力，可通过基于自然的方法，为应对上述挑战发挥重要作用。

遏制气候变化。陆地和海洋是地球重要的碳汇，每年固碳总量约 56 亿吨，约占全球碳排放的 17%。陆地生态系统主要利用森林、沼泽和泥炭地储碳，如每公顷生长茂盛的森林每天大约可吸收 1 吨二氧化碳；海洋生态系统通过海洋生物（主要是藻类）光合作用和海水溶解储碳。目前，陆地生态系统储碳约 2.85 万亿吨（土壤、陆地植物分别储碳 2.3 万亿、0.55 万亿吨）、海洋中储碳约 38 万亿吨、大气中碳约有 0.8 万亿吨，如图 1.8 所示。应对气候变化，除减少能源、工业、交通、建筑、农业等部门温室气体排放外，通过生态系统自然碳汇抵消全球碳排放也必不可少。

减少环境污染。生物群落能分解和固定污水、重金属、农药等人类生产生活污染物。比如，某些微生物通过新陈代谢可净化污水，主要是利用酶的催化作用将水中有机污染物转化为易降解的中间产物，进而转化为二氧化碳、水和

---

❶ 资料来源：黄红娟，外来种入侵与物种多样性，生态学杂志，2004。

无机盐❶。再如，菌根作为真菌与植物的结合体，能促进植物富集重金属离子，起到转移和储存土壤重金属的作用，如藻类、浮萍、石莲花等植物可大量吸收环境中的铁、锌、铜等矿物元素，对锰的去除效率可达 100%。目前，全球有万余种化学品不断排入自然环境中，其中 75%可用生物降解方式处理。

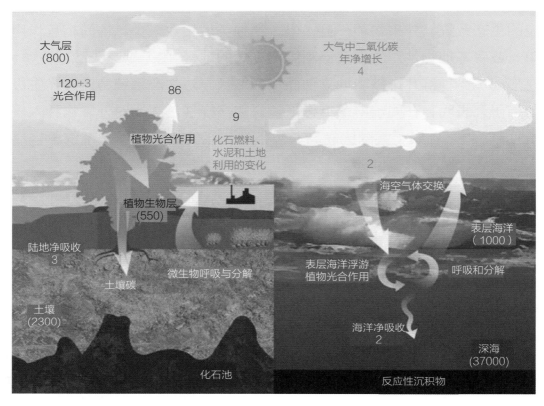

注：括号中数字指储存的碳池，红色代表人类排放的碳，图中数字单位均为十亿吨碳/年。

图 1.8　森林和海洋生态系统固碳示意图

促进消除饥饿。生物多样性能够涵养水源、保护土壤，有利于抵御气候变化和环境污染，降低洪水、干旱、台风、酸雨等灾害频率和强度，为粮食生产创造良好环境，如图 1.9 所示。物种丰富的生态系统可利用种间相互制约机制，保护和提高粮食生产力，如鸟类是许多农业害虫的天敌，在生物多样性较好的地区，大多数农田害虫会被鸟类消灭。此外，野生植物和克隆植物都是人类解决粮食安全的重要资源。据联合国《2018 年可持续发展目标报告》统计，

❶ 资料来源：黄艺、姜学艳，菌根真菌对土壤有机污染物的生物降解，土壤与环境，2002。

2016 年全球长期营养不良人口超过 8 亿，主要是由环境退化及生物多样性减少而导致的。

图 1.9　生物多样性保障粮食安全❶

_____

❶ 资料来源：联合国粮食与农业组织，世界粮食和农业生物多样性状况报告，2019。

守护人类健康。 生物多样性通过保障生态系统服务，包括提供食物、清洁的水和空气、药品，调节气温与降水，减少自然灾害的影响，增强人体内微生物群落健康，降低传染性疾病传播风险，提高心理健康等方式守护人类健康，如图 1.10 所示。比如，人体消化系统离不开微生物，它不仅能够促进营养物质吸收，还能阻碍和抑制病原体侵袭，帮助人体更好地适应新环境。而生物多样性丧失会导致传染病流行风险增加，如在亚马孙流域，人为砍伐森林使其覆盖率降低了 4%，蚊子作为中间宿主大量繁殖，导致该地区疟疾发病率提高了 50%❶。世界卫生组织研究表明，经常接触大自然的人群某些疾病患病率低、不适症状少，接触大自然尤其对缓解严重抑郁和焦虑等心理疾病效果显著。

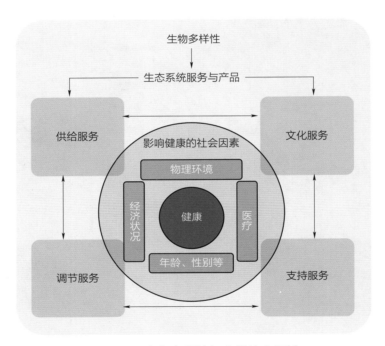

图 1.10　生物多样性与人类健康福祉

专栏 1-5　　　**人与自然的关系影响人类健康**

2003 年爆发的非典型性肺炎疫情（SARS），全球累计感染 8422 人，病亡 919 人，致死率达 11%。2013 年，经中国科学院武汉病毒研究所研究证实，SARS 病毒源头是中华菊头蝠，果子狸是中间宿主，人类感染

---

❶ 资料来源：李彬彬，推进生物多样性保护与人类健康的共同发展，生物多样性，2020。

病毒是由于食用果子狸所致。各国科学家向世界发出严重警告，捕食野生动物威胁人类生命。

　　这次新冠肺炎疫情在全球持续蔓延，截至 2021 年 8 月 16 日，全球累计确诊病例超过 2 亿，死亡病例已超过 400 万，全球新冠肺炎确诊和死亡病例分布如图 1 所示。2020 年 4 月，世界卫生组织根据各国科学家研究结果提出，蝙蝠最有可能是这类病毒在自然界的宿主，至于新冠病毒如何从蝙蝠传给人类，目前还不得而知。

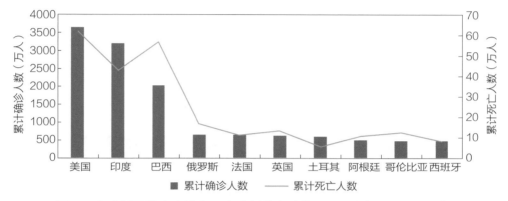

图 1　全球新冠肺炎确诊和死亡病例分布（截至 2021 年 8 月 16 日）

　　2020 年国际生物多样性日当天，联合国生物多样性公约秘书处执行秘书伊丽莎白·穆雷玛表示，新冠疫情再次证明生物多样性是人类健康的基础，保护生物多样性的必要性显得更加紧迫。希望这次疫情能使更多人认识到，一个健康的地球对人类从新冠疫情中恢复至关重要，这也警醒人类必须修复与大自然日益恶化的关系。

1.5　生物多样性是影响人类文明兴衰的关键因素

　　宜居生态孕育灿烂文明。人类文明起源于农业社会。鉴于当时生产力水平低下，农耕、采集和狩猎等都依赖生物多样性，人类通常选择生态良好、物产丰富的自然环境定居。古代中国、古代埃及、古代巴比伦、古代印度四大文明均发源于森林茂密、水量丰沛、田野肥沃的地区。长江和黄河、尼罗河、幼发拉底河和底格里斯河、印度河是早期人类文明的摇篮。奔腾不息的江河为粮食、家畜生长创造了有利条件，河水流经区域土质细腻、肥沃、疏松，土地承载能力高，易于人口繁衍，人类在同自然的互动中生产、生活和发展，铸就了辉煌的早期人类文明。

破坏生态威胁文明延续。人因自然而生，自然遭到系统性破坏，人类生存发展就成了无源之水、无本之木。恩格斯在《自然辩证法》指出："美索不达米亚、希腊、小亚细亚及其他一些地方的居民为开发耕地毁灭森林，但他们没想到，土地失去了森林，也就失去了水分的积聚中心和储藏库，而今这些地方都已成了不毛之地。"古巴比伦文明起源于美索不达米亚，曾经是一片林木繁茂、垄亩青青的绿野，河流密布，人丁兴旺，被犹太人和希腊人称为"人间天堂"，如今仅剩下遗迹，如图 1.11 所示。大量研究分析表明，城市人口过快增长，过度毁林开荒、滥砍乱伐，导致严重的水土流失和生态破坏，是造成古巴比伦文明衰落的主要原因。

图 1.11　古巴比伦文明遗迹

生态文明是人类文明发展的新阶段。人类文明发展经历了原始文明、农业文明、工业文明三个阶段，正处于向生态文明过渡的阶段，如图 1.12 所示。工业革命前，世界生产力水平有限，对自然生态的负面影响相对较少。18 世纪末工业文明以来，社会生产力得到空前解放和发展，在创造巨大物质财富的同时，带来资源短缺、气候变化、环境污染、生态破坏等全球性问题，这种以牺牲环境为代价的传统发展方式越来越难以为继、不可持续。生态文明是在深刻反思工业化沉痛教训的基础上，继承和发展工业文明，形成的一种遵循自然、经济、社会等整体运行规律，促进人与自然和谐共生、实现发展与环境双赢的人类文明新形态。保护生物多样性是生态文明建设的重要内容，具有举足轻重的地位和作用，是关系人类文明永续发展的根本大计，迫切需要全人类同心协力、抓紧行动，在发展中保护，在保护中发展，共建万物和谐的美丽家园。

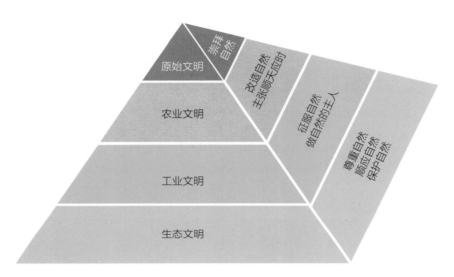

图 1.12　人类文明发展历程

2 生物多样性现状与挑战

当前，全球物种灭绝速度不断加快，大量动物、植物处于濒危状态，生物多样性丧失和生态系统退化形势严峻。人类对生物资源的大量消耗，导致生态系统丧失自我修复能力，对人类生存和发展构成严重威胁。面对重大挑战，各国正处于生物多样性治理的十字路口，如果继续走"一切照旧"的老路，将使"到 2050 年与自然和谐相处"的生物多样性愿景遥不可及。

2.1 全球生物多样性现状

生物多样性是人类在地球生存的基础。大量研究成果表明，在全球范围内，数以百万的生物已经灭绝或处于濒危状态，生物的物种多样性、生态系统多样性和遗传多样性严重退化，地球生物生存面临严重威胁。

2.1.1 物种多样性丧失

1 物种灭绝速度不断增加

大量物种不可再生性消失。地球生物物种正以前所未有的速度减少。过去 500 年，陆地上野生动植物总量减少了 10%，物种总量减少了 14%。哺乳类、鸟类、两栖类、爬行类、鱼类等全球 4392 个物种的 20811 个种群规模平均下降了 68%[1]。美国夏威夷的金顶树蜗、巴拿马的树蛙、肯尼亚的北方白犀牛、澳大利亚的珊瑚裸尾鼠、美洲的金蟾蜍、加拉帕戈斯的平塔岛象龟和巴西的诺氏拾叶雀等一大批珍稀物种宣告彻底灭绝[2]，如图 2.1 所示。

濒危物种数量加速上升。濒危物种是在相当长的一个时期内种群数量显著减少的物种，存在灭绝危险。2019 年，国际自然保护联盟将超过 7000 种动植列入濒危物种"红色名录"，其中包括全球 21%的哺乳动物、30%的两栖类动物、12%的鸟类、28%的爬虫类动物、37%的淡水鱼、35%的无脊椎动物[3]，如图 2.2 所示。

---

[1] 资料来源：世界自然基金会，地球生命力报告 2020，2020。
[2] 资料来源：联合国生物多样性公约秘书处，全球生物多样性展望（第 5 版），2020。
[3] 资料来源：联合国生物多样性公约秘书处，全球生物多样性展望（第 3 版），2010。

加拉帕戈斯的平塔岛象龟

美洲的金蟾蜍

图 2.1　近年来生物灭绝示例

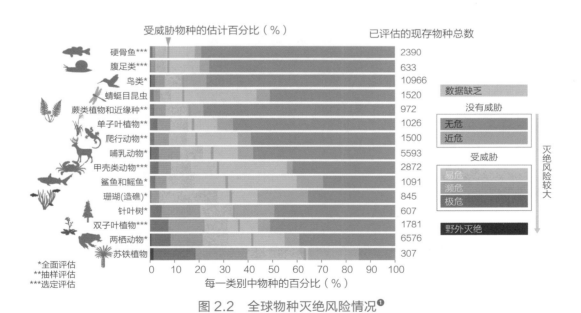

图 2.2　全球物种灭绝风险情况❶

❶ 资料来源：生物多样性和生态系统服务政府间科学政策平台，生物多样性和生态系统服务全球评估报告决策者摘要，2019。

专栏 2-1 　　　　**物种灭绝风险的评估方式**

世界自然保护联盟是世界上规模最大、历史最悠久的全球性非营利环保机构，也是自然环境保护与可持续发展领域唯一作为联合国大会永久观察员的国际组织。

2011 年，世界自然保护联盟发布《濒临灭绝物种危急清单》，根据种群生存力模型测试的结果，确定了种群数量和结构、种群减少速度、分布范围和结构、灭绝风险的量化临界值，提出了物种灭绝风险评估方法。《濒临灭绝物种危急清单》将所有物种分成 9 个类别，即灭绝、野外灭绝、极危、濒危、易危、近危、无危、数据缺乏和尚未评估。其中极危、濒危和易危类别的物种属于受威胁物种。

图 1 给出了全球 4.7 万个物种的灭绝风险占比，其中有 14% 的物种已灭绝，1/3 以上（36%）被认为受到威胁，即属于极危、濒危和易危类别。

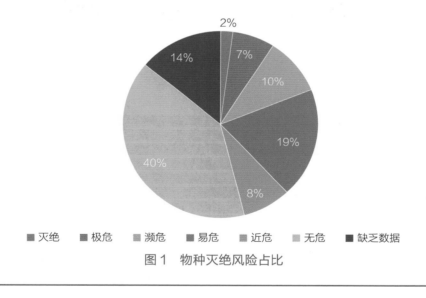

■ 灭绝　■ 极危　■ 濒危　■ 易危　■ 近危　■ 无危　■ 缺乏数据

图 1　物种灭绝风险占比

热带地区生物多样性破坏最为严峻。 全球生物主要分布在热带森林，仅占全球陆地面积 7% 的热带森林容纳了全世界半数以上的物种。1970—2006 年，全球野生脊椎动物的物种种群数量减少了 31%，其中热带地区减少了 59%[1]。全

---

❶ 资料来源：联合国生物多样性公约秘书处，全球生物多样性展望（第 3 版），2010。

球 22% 的植物面临灭绝风险，大多位于热带地区❶。

2 各类物种受到全面威胁

两栖动物是受威胁较大的种群。如图 2.3 所示，两栖动物灭绝比例高于哺乳动物、鸟类、爬行动物和鱼类。全球现有两栖动物约 8282 种，2004 年一项物种濒危状况评估结果显示，两栖动物受威胁（被评估为易危、濒危、极危）比例高达 32.5%。《世界自然保护联盟濒危物种红色名录》记录了 6260 种两栖动物，其中 2030 个物种濒临灭绝，39 个物种已确定为灭绝，中南美洲和加勒比地区两栖动物的种群数量下降最快。

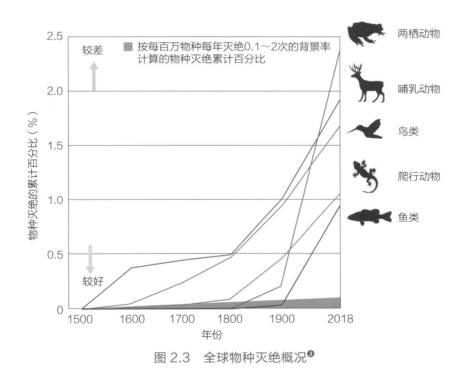

图 2.3 全球物种灭绝概况❷

哺乳动物灭绝速度持续增加。哺乳动物是动物界里生物多样性最高的一类物种。研究数据显示，近年来至少有 350 种哺乳动物已灭绝，并且灭绝速度一直在增长。淡水哺乳动物面临的威胁最大，南亚和东南亚地区的哺乳动物灭绝速度上升最快，这是由狩猎和栖息地丧失的双重影响造成的。

---

❶ 资料来源：Brummitt, N. A, et al. Green plants in the red: A baseline global assessment for the IUCN Sampled Red List Index for plants，2015.

❷ 资料来源：联合国生物多样性公约秘书处，全球生物多样性展望（第 3 版），2010。

植物种群数量大量减少。植物是陆地生态系统的重要基础，为地球上的所有生命提供保障，对人类的健康、食物至关重要。研究表明，植物灭绝数量是哺乳类、鸟类和两栖类灭绝物种数量之和的两倍❶。在全球已知的 6 万个不同树种中，超过 2 万个树种已被列入世界自然保护联盟的濒危物种红色名录，超过8000 个树种被评定为全球范围受威胁（极危、濒危、易危）的物种，1400 多个树种和大量森林真菌目前被列为极危物种，亟须采取保护行动❷。

3　人类处于第六次生物大灭绝边缘

地球已经历五次生物大灭绝。在过去的 5 亿年中，生态系统遭受过五次生物大灭绝（见图 2.4）。**第一次**是距今 4.4 亿年前的奥陶纪生物大灭绝事件，全球气候短时间内进入冰期致使当时 100 个科左右、共 85% 的海洋生物发生了灭绝，三叶虫、腕足类、笔石类等生物的数量急剧减少甚至消失。**第二次**是距今 3.6亿年前的泥盆纪生物大灭绝事件，全球气候进入寒冷冰期同时海水的氧气含量骤减，使得 70% 左右的海洋生物从地球上消失。**第三次**是距今 2.5 亿年前的二叠纪生物大灭绝事件，可能是源于西伯利亚地区大规模的火山喷发引起全球性空气成分、海洋洋流和大气环流改变，导致 96% 的生物死亡❸，灭绝的生物种类数量属五次生物大灭绝之最。**第四次**是距今 2.08 亿年前的三叠纪生物大灭绝事件，原因至今不明，结果是 100 多个科的生物灭绝，牙形石类的生物全部灭绝，海洋中的头足类动物、腕足动物、菊石类动物、海绵动物及陆地上的昆虫和脊椎动物等多个种类发生灭绝。**第五次**是距今 6500 万年前的白垩纪生物大

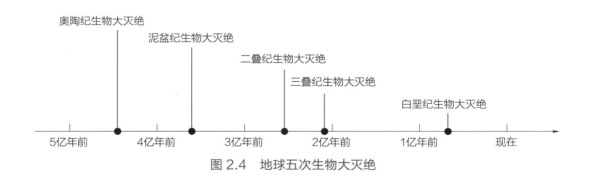

图 2.4　地球五次生物大灭绝

---

❶ 资料来源：Humphreys A. M. Global dataset shows geography and life form predict modern plant extinction and rediscovery，2019.

❷ 资料来源：联合国粮农组织，世界森林状况，2020。

❸ 资料来源：本川达雄，生物多样性，张宏岩，译，北京：新星出版社，2020。

灭绝事件，主流观点认为是一颗巨大的小行星撞击地球引发全球性的火山喷发、地震和海啸，大量云层遮挡阳光后地球温度变低，造成了地球生物圈52%的属和85%的种完全消失，其中包括当时统治地球的恐龙家族。

当前物种灭绝速度大幅加快。当前全球物种灭绝速度比过去一千万年的平均速度高出至少几十倍到几百倍，而且仍在加速。1500年至今，地球上共有超过600个物种灭绝，其中绝大多数是在过去的近120年间消失的。根据联合国环境规划署报告，目前世界上每分钟有1种植物灭绝，每天有1种动物灭绝，远远高于自然界的"本底灭绝"速率。美国斯坦福大学的一项研究表明，未来20年全球陆生脊椎动物灭绝的数量，可能会与整个20世纪不相上下。地球上越来越多的动植物正以超乎正常的速度灭绝，这种大灭绝的趋势将可能危及人类自身。

2.1.2　生态系统多样性恶化

工业革命以来，人类活动不断破坏森林、草地、湿地等重要生态系统，导致生物多样性指标迅速下降，如图2.5所示。2000—2016年，全球75%的陆地、66%的海域、85%以上的湿地发生了巨大改变❶，生物栖息地遭到严重破坏，对动植物生存和生物多样性构成重大威胁。

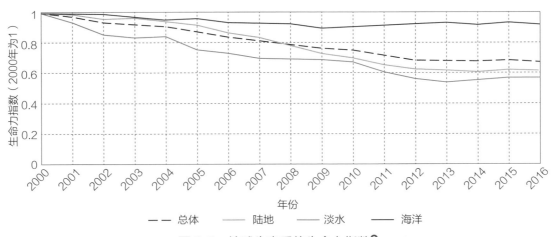

图2.5　地球生态系统生命力指数❷

---

❶ 资料来源：生物多样性和生态系统服务政府间科学政策平台，生物多样性和生态系统服务全球评估报告决策者摘要，2019。

❷ 资料来源：世界自然基金会，地球生命力报告2018，2018。

1 陆地生态系统

森林生态破坏形势严峻。森林生态系统具有调节气候、涵养水源、保持水土、防风固沙等重要功能，被誉为"地球之肺"。目前，全球森林覆盖了地球陆地面积的约31%，总面积为4060万平方千米，主要分布在巴西、加拿大、中国、俄罗斯和美国五国[1]。受气候变化、环境污染等影响，全球森林生态近年来遭到严重破坏。全球森林面积在1990—2020年损失了178万平方千米，约相当于利比亚的面积。非洲在2010—2020年的森林面积净损失最高，每年损失3.94万平方千米；其次是南美洲，每年损失2.6万平方千米，如图2.6所示。

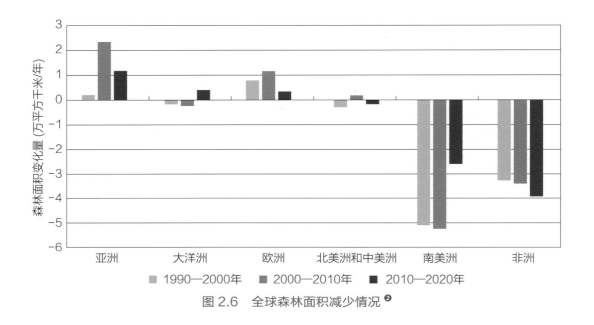

图2.6 全球森林面积减少情况[2]

荒漠生态恶化加速演进。荒漠生态是陆地生态系统的重要组成部分，近年来在全球范围覆盖的面积不断扩大。目前，全球1/3的陆地面积已经产生荒漠化趋势，100多个国家和地区，10亿多人口受到威胁。非洲2/5的土地、亚洲1/3的土地、拉丁美洲1/5的土地面临沙漠化的危险，而且每年仍以5万~7万平方千米的速度扩张。这种趋势如果得不到控制，预计21世纪内，全世界1/3的耕地会退化为沙漠化土地。

---

[1],[2] 资料来源：联合国粮农组织，世界森林状况，2020。

　　草原生态严重破坏。世界草原总面积为 5200 万平方千米，占全球陆地面积的 40.5%，主要分布在非洲、亚洲、拉丁美洲和大洋洲。当前草原退化、碱化和沙化等一系列生态问题在大多数草原均不同程度的存在。巴西中部的塞拉多草原几乎一半已被耕地和牧场取代，2002—2008 年的年丧失率达 0.7%。

2 内陆水域生态系统

　　湿地生态面积显著下降。湿地是人类可持续发展的生命通道和生态长廊，不但滋养野生动植物，而且还为人类抵御各类生态风险。目前，国际上已认定的重要湿地共 2341 处，总面积达 250 万平方千米。受人类活动影响，全球湿地生态覆盖面积持续减少，自 1900 年起，内陆和近海湿地分别减少了 70% 和 60% 以上。1970—2015 年全球湿地范围趋势指数平均下降 35%，如图 2.7 所示，其中沿海地区的丧失率高于内陆地区，拉丁美洲和加勒比地区的湿地丧失率最大。

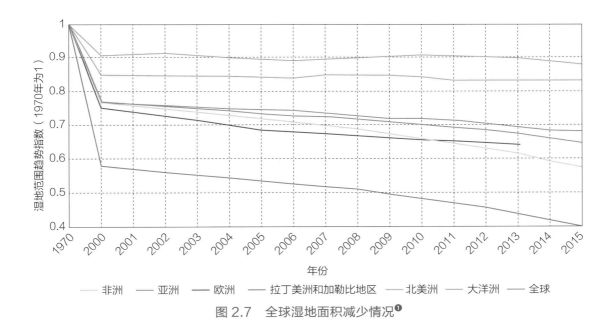

图 2.7　全球湿地面积减少情况❶

　　河流生态脆弱性加剧。河流生态系统是陆地和海洋联系的纽带，在生物圈的物质循环中起着主要作用。2019 年全球河流连通性状况的评估显示，292 个

---

❶ 资料来源：Darrah，S. E., et al. Improvements to the Wetland Extent Trends（WET）index as a tool for monitoring natural and human-made wetlands，2019.

大型河流系统中 2/3 或被水坝和水库分割得支离破碎，只有 23% 能不受阻碍地流向海洋❶。全球超过 80% 的废水未经处理直接排放，大部分河流水质呈恶化趋势❷。

河口生态污染严重。 河口海岸带区域处于陆地与河流间的过渡地带，是一个脆弱的环境敏感地带。工业革命以来，全球范围内海岸带区域的营养盐负荷显著增加，氮、磷向海岸带的输送量分别增加了 2.5 倍和 2 倍。例如，1950—2000 年密西西比河硝酸盐和磷酸盐浓度升高了 3 ~ 4 倍，1960—2000 年长江干流溶解的无机氮和活性磷酸盐浓度大幅升高。

3 海洋和沿海生态系统

海洋珊瑚礁大量衰退。 珊瑚礁是海洋生态系统必不可少的一部分，涵养着 1/4 的海洋物种和近 10 亿人口❸。统计表明，活珊瑚覆盖面积在过去 150 年减少了近一半，且下降速度在近二三十年大幅加快❹。由于海洋气温升高和海洋酸化，大规模珊瑚白化现象频发，印度太平洋区域的活珊瑚覆盖率从 1980 年的 47.7% 迅速下降至 1989 年的 26.5%，每年平均消失 2.3%❺。联合国生物多样性公约秘书处发布的《全球生物多样性展望》（第 5 版）显示，基于对 81 个国家 3351 个保护点的近 20 年珊瑚白化信息统计分析，随时间推移，珊瑚白化的概率越来越高，如图 2.8 所示。

红树林系统大量消失。 红树林生态系统大多位于热带、亚热带海岸带海陆交错区，在净化海水、防风消浪、固碳储碳等方面发挥着极为重要的作用。据联合国粮农组织估计，全球 3.6 万平方千米（约 20%）的红树林在 1980—2005 年期间消失。在 20 世纪 80 年代，红树林每年平均消失 1850 平方千米；90 年代，红树林年平均消失幅度下降至 1185 平方千米；2000—2005 年，每年平均消失 1020 平方千米❻。虽然红树林的全球退化速度在近期有所下降，不过消失的幅度仍令人担忧。

---

❶ 资料来源：Grill, G, et al. Mapping the World's Free-Flowing Rivers, 2019.
❷ 资料来源：全球能源互联网发展合作组织，可持续发展之路，北京：中国电力出版社，2020。
❸，❺，❻ 资料来源：联合国生物多样性公约秘书处，全球生物多样性展望（第 3 版），2010。
❹ 资料来源：生物多样性和生态系统服务政府间科学政策平台，生物多样性和生态系统服务全球评估报告决策者摘要，2019。

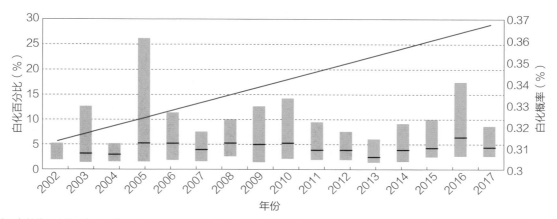

注：各箱线图上的黑色水平线代表白化百分比的中位数，箱线图边界对应四分位数范围（25%和75%）。斜线代表白化概率。

图 2.8　全球珊瑚礁白化情况❶

海洋生态退化加剧。海洋生态系统是指从海岸线到大陆架边缘或大型洋流之间的沿海地区，蕴藏了丰富的海洋资源。近年来，海洋温升加速、过度捕捞、塑料垃圾等问题不断加剧，严重威胁海洋生态系统的稳定性。联合国教科文组织观察表明，全球 66 个大型海洋生态系统中，有 64 处海域海水温度持续上升，其中东海、斯科舍架（位于加拿大新斯科舍省西南海域）、美国东北大陆架海域海水温度上升速度最快。全球海洋中 33% 的鱼类种群被归类为过度开发，55%以上的海洋面积受到工业化捕捞的影响❷。世界海洋中有超过 5 万亿个塑料颗粒，质量达到 25 万吨❸，危及鱼类、海鸟等生物生存。

深海生境严重破坏。深海蕴藏着巨大的海洋生物多样性，但由于缺乏光照，静水压力大，深海生物往往生长缓慢而寿命很长，生态多样性也相对脆弱。近年来，深海生物资源的过度开发利用，导致优质鱼类资源严重衰退，个体也趋向小型化、低龄化，低质小杂鱼所占比例逐年增加。同时，深海矿产资源开发过程中会产生巨大的涡流，对海底的动植物产生灭顶之灾❹。

❶ 资料来源：联合国生物多样性公约秘书处，全球生物多样性展望（第 5 版），2020。
❷ 资料来源：生物多样性和生态系统服务政府间科学政策平台，生物多样性和生态系统服务全球评估报告决策者摘要，2019。
❸ 资料来源：Eriksen，M. Plastic Pollution in the World's Oceans：More than 5 Trillion Plastic Pieces Weighing over 250000 Tons Afloat at Sea，2014.
❹ 资料来源：联合国生物多样性公约秘书处，全球生物多样性展望（第 3 版），2010。

专栏 2-2 **澳大利亚大堡礁生态系统**

　　大堡礁是世界最大最长的珊瑚礁群，位于南半球，它纵贯于澳大利亚的东北沿海，北起托雷斯海峡，南至南回归线以南，绵延伸展 2011 千米，最宽处 161 千米，有 2900 个大小珊瑚礁岛，自然景观非常特殊。近年来，受海水温度升高、海洋酸化等因素影响，大量珊瑚白化，珊瑚病、蓝藻等病虫害爆发频繁，儒艮、海龟、海鸟、海参和鲨鱼等种群数量减少，大堡礁生态平衡遭到严重破坏。

　　近年来，全球自然环境保护者发出保护大堡礁的呼声。1979 年，澳大利亚政府成立了大堡礁海洋动物管理所，开始划定自然保护区，并合理开发旅游事业。1980 年，联合国教科文组织将大堡礁列为国际自然环境保护区。随后澳大利亚政府相继出台一系列法律规定，严禁在大堡礁采集贝壳、移动死珊瑚肢体，减少人为活动对大堡礁的影响，艰难地维护着大堡礁的生态稳定性。

2.1.3　遗传多样性破坏

　　驯化动植物遗传多样性快速丧失。人类驯化动植物的过程中改变了生物遗传性状，导致作物及家畜生产系统丧失遗传多样性。在全球现存的 7745 个本地牲畜品种中，26% 的品种面临灭绝风险。19 世纪中叶以来，全球野生物种的遗传多样性每十年下降约 1%[1]。在全球 35 种主要驯化物种中，20% 以上面临灭绝风险（见图 2.9）。

　　标准化种植和畜牧导致生物多样性退化。人类农业和畜牧业规模不断扩大，对动植物遗传多样性造成严重影响。在全球 6000 个用作粮食的植物物种中，9 个物种提供了 66% 的作物产量[2]。中国培育的水稻品种从 20 世纪 50 年代的 4.6 万种下降到 2006 年的 1000 余种。全球 7000 个牲畜品种中，有 21% 面临种

---

[1] 资料来源：生物多样性和生态系统服务政府间科学政策平台，生物多样性和生态系统服务全球评估报告决策者摘要，2019。
[2] 资料来源：联合国粮农组织，世界粮食和农业生物多样性状况摘要，2019。

群灭绝风险❶，而且数量还在不断增加。

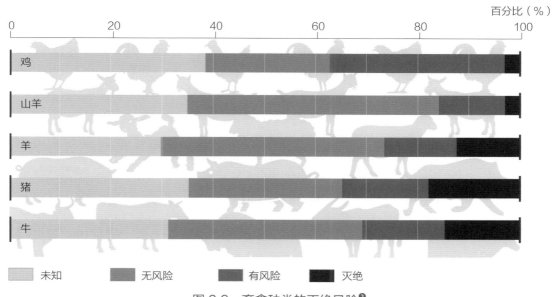

图 2.9　畜禽种类的灭绝风险❷

外来物种入侵威胁遗传多样性。动植物入侵影响到本地物种、生态系统功能，也对人类健康造成影响。1970 年以来，新外来入侵物种的引入速度不断升高，入侵物种数量增加了约 70%。外来入侵物种激增，对大陆上的群落产生毁灭性影响，单一入侵病原体蛙壶菌对全球近 400 种两栖动物物种构成威胁，并已导致许多物种灭绝❸。

2.2　联合国生物多样性公约

2.2.1　生物多样性保护历史沿革

1 **第一阶段：生物多样性问题引起广泛关注**

20 世纪以来，国际社会在发展经济的同时，更加关注生物资源的保护问题，

❶ 资料来源：联合国生物多样性公约秘书处，全球生物多样性展望（第 3 版），2010。
❷ 资料来源：联合国粮农组织，The State of the World's Animal Genetic Resources for Food and Agriculture，edited by Barbara Rischkowsky & Dafydd Pilling.
❸ 资料来源：生物多样性和生态系统服务政府间科学政策平台，生物多样性和生态系统服务全球评估报告决策者摘要，2019。

在拯救珍稀濒危物种、防止自然资源过度利用等方面开展了很多工作。1948 年，联合国和法国政府创建了世界自然保护联盟（IUCN）。1961 年，世界野生生物基金会建立。1971 年，联合国教科文组织提出了"人与生物圈计划"。1972 年，斯德哥尔摩人类环境会议后，国际社会对环境与发展问题尤为关注，如何处理好经济社会发展与自然生态可持续性间的关系，已成为人类亟须解决的现实问题❶。

20 世纪 80 年代开始，人们在自然保护的实践中逐渐认识到，自然界中各个物种之间、生物与周围环境之间都存在着千丝万缕的复杂联系，要拯救珍稀濒危物种，不仅要对所涉及的物种的野生种群进行重点保护，还要保护好它们的栖息地。在此背景下，生物多样性保护的理念应运而生。1980 年，由世界自然保护联盟等国际自然保护组织编制完成的《世界自然保护大纲》正式颁布，提出要把自然资源的有效保护与资源的合理利用有机结合起来，对促进世界各国加强生物资源保护工作起到了极大的推动作用。

2 第二阶段：生物多样性治理形成初步共识

在联合国大会的建议下，世界自然保护联盟开展了《联合国生物多样性公约》（以下简称《公约》）草案的起草工作。1984—1989 年，在世界各国专家和政府部门的共同努力下，世界自然保护联盟完成了《公约》草案，提出了物种、基因和生态系统的生物多样性保护行动建议，并就发达国家与发展中国家的权利义务进行了合理分配❷。

1987 年 6 月，联合国环境与发展委员会（WCED）向联大提交了题为《我们共同的未来》的报告，加深了国际社会对可持续发展理念的认识，推动了国际社会在环境和发展领域，特别是针对生物多样性锐减在内的全球性环境问题的行动进程。1988 年 11 月—1990 年 7 月，联合国环境规划署召开了三次生物多样性专家特设工作组会议，对《公约》的签订起到了重要作用。

---

❶ 资料来源：吴军，《生物多样性公约》的产生背景和主要内容，2011。
❷ 资料来源：马克平，《生物多样性公约》的起草过程与主要内容，1994。

3　第三阶段：全球生物多样性治理体系初步建立

1992 年 6 月 1 日，在联合国环境规划署发起的政府间谈判委员会第七次会议上，《公约》正式通过。1992 年 6 月 5 日，联合国环境与发展大会在巴西里约热内卢召开，在此次"地球峰会"上，各国首脑共聚一堂，153 个国家和欧共体正式签署了《公约》，标志着人类在环境保护与可持续发展进程上迈出了重要的一步。

2.2.2　联合国生物多样性公约落实进展

1　《公约》主要内容

《公约》是一项有法律约束力的政治文件，旨在保护濒临灭绝的植物和动物，最大限度地保护地球上多种多样的生物资源，造福于当代和子孙后代。联合国生物多样性框架如图 2.10 所示。《公约》规定，发达国家将以赠送或转让的方式，向发展中国家提供资金，并向发展中国家转让技术，为保护生物资源提供便利；缔约方应为本国境内的植物和野生动物编目造册，制订计划保护濒危的动植物；缔约方应建立金融机构，帮助发展中国家实施保护动植物计划。

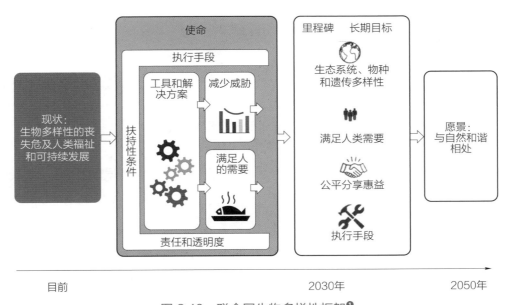

图 2.10　联合国生物多样性框架❶

---

❶ 资料来源：联合国环境规划署，2020 年后全球生物多样性框架初稿，2021。

2010 年，《公约》缔约方大会第十次会议在日本爱知县举办，会上通过了《2011—2020 年生物多样性战略计划》，提出了 5 个战略目标及相关的 20 个纲要目标（见图 2.11），统称为"爱知生物多样性目标"。

图 2.11 2011—2020 年生物多样性战略计划❶

2021 年 10 月，《公约》第十五次缔约方大会将在中国昆明举行，本次大会以"生态文明：共建地球生命共同体"为主题，对提升国际社会保护生物多样性的政治意愿，推进全球生态文明建设具有重要作用。大会将审议"2020 年后全球生物多样性框架"，对《公约》和《2011—2020 年生物多样性战略计划》执行情况进行审查，开展新的行政管理和信托基金的预算，确定 2030 年全球生物多样性新目标，确保到 2050 年实现与自然和谐相处的共同愿景。

---

❶ 资料来源：联合国生物多样性公约秘书处，全球生物多样性展望（第 5 版），2020。

2 生物多样性治理进展

从全球范围看，生物多样性治理的进展十分缓慢。根据《全球生物多样性展望》（第 5 版）评估，在全球层面，20 个爱知生物多样性目标没有一个完全实现，仅有 6 个部分实现；目标中的 60 个具体要素，7 个实现，38 个有一定进展，13 个没有进展或偏离目标，2 个进展情况不明，如图 2.12 所示。

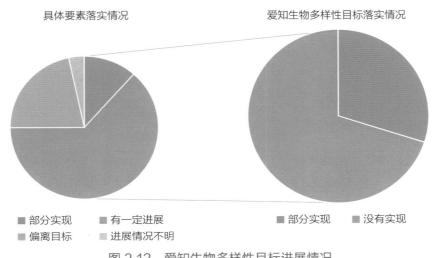

图 2.12　爱知生物多样性目标进展情况

2.3　面临的主要挑战

《公约》明确了全球生物多样性治理的政治框架，但与全球生物多样性破坏的严峻形势相比，目前各国的行动还远远不够，全球生物多样性治理面临重大挑战。

1 生物多样性危机加速蔓延

影响范围持续扩大。生物多样性问题已经演化成为全球危机。在美洲，亚马孙森林火灾频发，对区域内生物多样性造成严重损害；在非洲，干旱区面积持续扩大，湿地面积不断减少，物种减少严重威胁粮食安全和水源供应；在欧洲，高加索野牛、波图格萨北山羊等一大批物种灭绝；在亚洲，森林、草原、耕地等各类土地资源及水资源、矿产资源等自然资源大量开发，导致千余个物种处于濒危状态。据统计，1970—2016 年，欧亚大陆、北美洲、南美洲、非洲、印度洋—太平洋海域的生命力指数❶分别下降了 30%、25%、85%、57%、66%（见图 2.13），物种灭绝和生态破坏已成为各国面临的共同挑战。

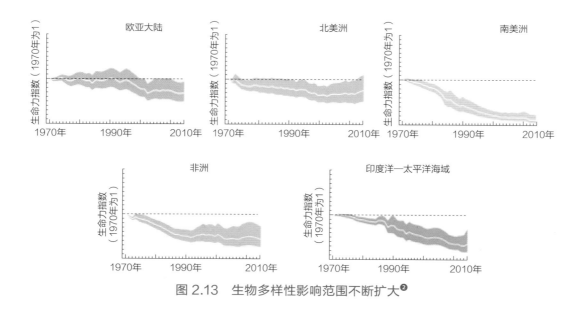

图 2.13　生物多样性影响范围不断扩大❷

影响程度不断加深。生物多样性与气候、环境、资源等挑战相互交织，已严重制约人类可持续发展。工业革命至今，全球渔业资源减少了 90%，3.4 万种作物和 5200 个植物物种将会在未来的几年中灭绝，严重威胁人类粮食安全。近 50 年来，受气候环境影响，物种多样性和生态系统多样性遭到严重破坏，大自然在气候调节、能源供应、种子传播、淡水供给、极端事件调控等方面贡献显著下降（见图 2.14）。1994—2013 年，全球生态灾害频发，洪水、干旱、极端气温在全球范围累计影响约 20 亿人，导致约 60 万人死亡，造成年均 2500亿～3000 亿美元的经济损失。

2　生物多样性问题严峻性认识不足

生物多样性重要性认知不够。生物多样性是生态安全和粮食安全的根本保障，是经济社会发展的物质基础，为构建地球生命共同体提供了坚实根基。2018年，发展中国家的公众调查显示，仅有约 38% 的受访者对生物多样性及其对可

---

❶ 地球生命力指数是一项衡量全球生物多样性状况和地球健康的指标，通过统计全球数千个种群数量变化得出。

❷ 资料来源：世界自然基金会，地球生命力报告 2020，2020。

自然对人类的贡献	方向性趋势 50年全球趋势			
	减少	没有变化	增加	横跨各区域
1 栖息地创建和维护	⬇			始终如一
2 授粉和种子传播	⬇			始终如一
3 空气质量调节	↘			变化无常
4 气候调节	↘			变化无常
5 海洋酸化调控		→		变化无常
6 淡水量调节	↘			变化无常
7 淡水质量调节	↘			始终如一
8 土壤调节	↘			变化无常
9 危险和极端事件调控	↘			变化无常
10 生物体调控	⬇ ↘			始终如一
11 能源			↗	变化无常
12 食物和饲料	⬇ ↘		↗	变化无常
13 材料与援助	⬇ ↘		↗	变化无常
14 医药、生化和遗传资源	⬇ ↘			始终如一
15 学习和灵感	⬇			始终如一
16 身心体验	↘			始终如一
17 支持身份	↘			始终如一
18 保持选项	⬇			始终如一

图 2.14　生物和生态环境对人类贡献变化情况❶

持续发展的价值有所了解，大部分公众对生物多样性重要性的认识明显不足。在人类中心论和利己主义思想驱动下，人们仍片面强调经济增长，盲目刺激消费，不断增加自然资源索取，忽视地球资源、环境和生态的承载上限，造成全球危机不断加剧。

生态保护意识不强。长期以来，人类倾向于"一切照旧"的惯性，严重缺乏生物多样性保护和治理意识。全球近一半《公约》缔约方（46%）在提高生物多样性认识方面进展缓慢或没有进展，对于生物多样性潜在危机及其引发的气候、生态、生存和社会灾难等问题研究不够，监测预警和预防投入不足，应急防备力量薄弱，缺乏应对措施。

3 应对生物多样性危机行动滞后

政策支撑力度不强。世界主要经济体都出台了生物多样性保护的相关法规和技术文件，但总体看，这些政策落实进展十分缓慢。目前，在全球近 200 个《公约》缔约方中，仅有约 1/3（34%）的国家有望实现既定目标，约一半的国家（51%）进展速度不足以实现目标。联合国生物多样性公约秘书处研究表明，《公约》及其爱知目标的落实情况滞后，主要原因是与联合国 2030 年可持续发展目标脱节，缺乏执行《公约》的政治意愿及制定并实施政策的动力。

---

❶ 资料来源：联合国生物多样性公约秘书处，全球生物多样性展望（第 5 版），2020。

　　治理体系约束力不足。生物多样性危机具有全球性、全局性和长期性特点，需要各国加快共同行动。但现有治理框架约束力不强，处于碎片化、分散化状态，政府引导、企业行动、公众参与力度不够，难以形成合力，成效有限。目前，全球仍有 11% 的缔约方没有更新、3% 的缔约方没有提交国家生物多样性战略和行动计划（NBSAP），亟须加快构建生物多样性考核评估体系，提升《公约》执行力度（见图 2.15）。

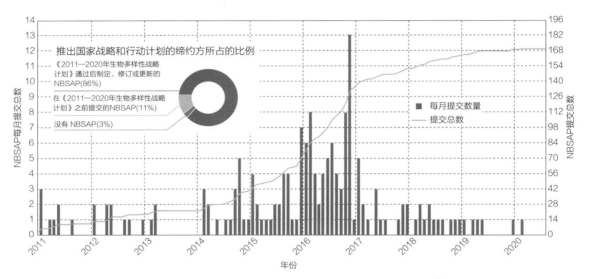

图 2.15　国家生物多样性战略和行动计划进展情况❶

　　能力技术推广缓慢。物种保护、生态修复和基因库等能力技术建设是全球生物多样性治理的基础。目前生物多样性保护的生态工程、基因工程等重大技术大多集中在发达国家，发展中国家资金、技术和能力建设方面基础薄弱，导致大多发展中国家生态环境破坏严峻，生态治理进程缓慢。

4　推动生态环境保护缺少解决方案

　　系统解决方案缺失。生物多样性治理既要兼顾效率与公平、权利与责任，又要可操作、可实施、可复制，这是当前全球各国和各利益相关方亟须完成的任务。目前全球各机构提出的治理方案多数针对市场机制、单一技术、特定行业，对各国实际情况、各行业协同作用考虑不足，难以兼顾经济发展和生物多样性治理，无法在全球和各国推广实施。

---

❶ 资料来源：联合国生物多样性公约秘书处，全球生物多样性展望（第 5 版），2020。

　　生态治理规划缺失。造成生物多样性丧失的因素包括气候、环境、人口、经济、社会等方方面面。目前，全球范围的生物多样性规划体系尚不完善，生态保护红线和自然保护区建设滞后，生态保护体系建设缓慢。面对挑战，亟须将生态文明建设贯穿于经济社会发展全过程，统筹开展应对行动，在生态保护与建设、水土保持、耕地草原河湖休养生息、濒危野生动植物保护、水资源保护等相关规划和计划中进一步明确生物多样性保护和管理措施。

5 生态环境治理保障措施不完善

　　技术支撑能力不强。生态治理是技术和工程的有机整体。目前，全球生态保护和修复标准体系建设、新技术推广、科研成果转化等方面比较欠缺，理论研究与工程实践脱节，关键技术和措施的系统性和长效性不足。全球科技服务平台和服务体系不健全，生态保护和修复产业仍处于培育阶段。支撑生态保护和修复的调查、监测、评价、预警等能力不足，跨国间信息共享机制尚未建立。

　　资金支撑力度不够。生物多样性治理是一项宏大的工程，需要大量资金支撑。目前，全球生物多样性每年融资总额（包括公共、私人、国内和国际融资）为 800 亿～900 亿美元，远低于所需的数千亿美元的既定目标，而有害环境的化石燃料补贴却高达约 5000 亿美元。全球仅有 60 个国家采用了税收、补贴等方式开展环境治理，不足缔约方的 30%。资金短缺导致全球生物多样性治理进程严重滞后。预计到 2030 年，全球生物多样性治理资金缺口将高达 7110 亿美元，资金保障力度亟须进一步提高。

3 生物多样性危机的主要驱动因素

气候变化

环境污染

栖息地破坏

生物资源过度消耗

生物入侵

在过去的半个世纪，全球人口翻了一番，经济增长了四倍，贸易增长了十倍，城市化水平也大幅度提升❶。为了获取生存发展所需的食物、能源和原材料，人类正以空前的速度消耗着各类自然和生物资源，同时排放了大量温室气体和有害物质，使自然环境遭到破坏，导致物种、遗传、生态系统多样性在世界范围内持续恶化。预计到 2050 年，全世界的人口、经济、贸易、城市化率仍将快速增长，人类对自然和生物资源的需求将持续增加，全球生物多样性将面临更大挑战。

联合国环境规划署、世界自然基金等国际组织，通过研究大量指标和案例，认为栖息地破坏、生物资源过度消耗、气候变化、环境污染、生物入侵是影响生物多样性的主要驱动因素。每种驱动因素对陆地、淡水、海洋生物多样性的影响程度不同：对陆地和淡水生物多样性而言，栖息地破坏负面影响最大；对海洋生物多样性而言，过度消耗生物资源的负面影响最大❷。从现实看，五大驱动因素对生物多样性的破坏程度在不断变化，特别是工业革命以来，气候变化问题越来越突出，日益成为影响生物多样性的最重要因素。

本章将系统介绍五大驱动因素对生物多样性的影响方式及其机理。"人类活动—驱动因素—生物多样性"之间的关系如图 3.1 所示。

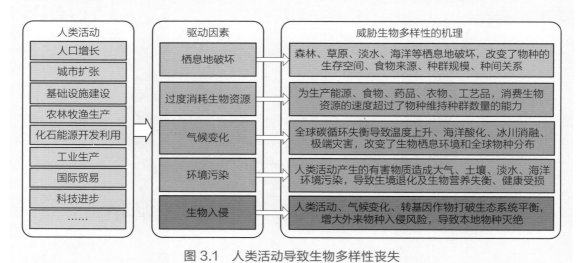

图 3.1　人类活动导致生物多样性丧失

❶, ❷ 资料来源：生物多样性和生态系统服务政府间科学政策平台，生物多样性和生态系统服务全球评估报告决策者摘要，2019。

3.1 栖息地破坏

栖息地或生境是指一个或多个物种种群生活的区域，为生物提供食物、水、庇护所和其他生存所需。栖息地破坏是指农业生产、过度放牧、城市扩张和基础设施建设等人类活动导致森林、草原、湿地、红树林等生物栖息地丧失❶和栖息地片断化。

栖息地破坏造成物种的生存空间、食物来源、种群规模、种间关系发生改变，导致生物多样性丧失，主要表现为：

对于植物群落。随着栖息地面积减小或片断化，单位面积的栖息地会具有更长的边界线，光照强度和土壤温度提高，空气流速加快，栖息地边缘小气候由"凉湿"转为"干暖"。这将改变内部植物群落的结构和分布，喜光耐旱、风媒的植物将在边缘地带快速生长；喜阴耐寒、依赖动物传粉的植物将向栖息地内部收缩，它们的花粉和种子难以扩散到其他栖息地。这通常会引发栖息地边缘林冠的落叶量增加、密度减少，林下的光照增强、植物叶片密度增加，导致"干暖效应"加剧，喜"凉湿"的植物物种数量和种群规模减小。

对于动物群落。栖息地破坏造成食物减少、群落隔离、交配选择受限。首先，大多数动物物种需要在栖息地内自由穿行、寻找食物、维持生存。栖息地破坏把物种限制在狭小的区域内，使其无法获得生存所需的最小领地面积和食物量，导致个体大量死亡、种群规模减小，继而引发交配困难、近亲繁殖等问题。当种群数量降低到小于"临界种群规模"（维持一个种群繁衍能力的个体数量），物种种群规模将难以恢复，并逐渐走向灭绝。其次，一些物种可能因栖息地破坏而无法完成迁徙，将造成物种扩散和建立新种群的机会减少，甚至导致种群濒危或灭绝。最后，栖息地破坏会增加物种密度，扰乱种间关系，如捕食、寄生、竞争、互惠共生等，使生物链失衡，进而导致生物多样性丧失。

---

❶ 栖息地丧失是指栖息地面积损失，片断化是指大面积的整体栖息地变成相互隔离的小面积斑块。

3.1.1 森林破坏

森林拥有最丰富的陆地生物多样性。森林覆盖了地球陆地表面积的 31% 左右，发挥着保护水土、调节气候等重要作用。世界陆地物种的 2/3 以上居住在森林中，或依赖森林生存[1]。科学研究已在森林中发现了大约 175 万个植物、动物和真菌物种。森林生物多样性还提供了 5000 多种商业产品，包括香料、草药、食品和布料等，对人类生存和福祉必不可少[2]。

森林破坏严重威胁生物多样性。根据对 46 个热带和亚热带国家的统计数据，在非洲、中南美洲、亚洲（热带与亚热带区域）的林区，毁林种田是森林大面积损失的主要原因[3]，如图 3.2 所示。在过去的十年，全球森林退化速度虽有所放慢，但规模仍然惊人，显著改变了森林中动植物的生存空间、食物来源、群落结构和种间关系，致使森林生物多样性快速丧失。进入 21 世纪以来，全球热带雨林每年减少约 6 万平方千米，导致生活在森林中的物种每天丧失多达 100 个[4]。

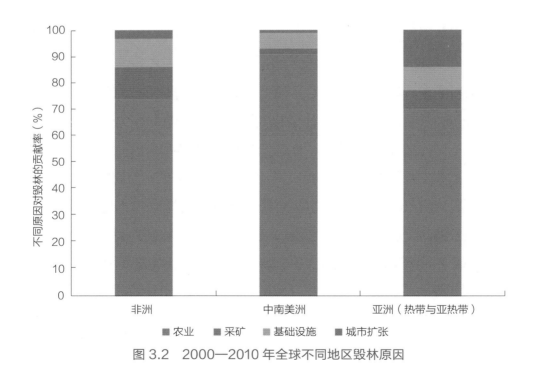

图 3.2　2000—2010 年全球不同地区毁林原因

---

[1], [3] 资料来源：联合国环境规划署，世界森林状况 2020，2020。
[2], [4] 资料来源：联合国生物多样性公约秘书处，森林生物多样性，2011。

专栏 3-1　　毁林对生物多样性的影响

　　世界自然基金会（WWF）研究表明，在全球范围内，大多数的森林消失发生在拉丁美洲、撒哈拉以南非洲、东南亚和大洋洲的 24 个毁林集中地区，包括亚马孙地区、非洲中部地区、湄公河流域和印度尼西亚等。除此之外，在非洲西部、非洲东部（包括马达加斯加）和拉丁美洲圭亚那和委内瑞拉的亚马孙地区，以及北美洲墨西哥和危地马拉的玛雅森林地区，出现了新的毁林集中地区。2004—2017 年，约有 43 万平方千米的森林在这些毁林集中地区消失。同一时期，这些地区 45% 的森林正经历着某种形式的片断化。片断化的林地更容易受火灾影响，也更容易受到人类活动的侵扰。

　　这些毁林集中地区拥有丰富的生物多样性，包括大量独特的物种。例如，亚马孙雨林绵延 800 多万平方千米，跨越 9 个国家，生活着世界上多样性最丰富的鸟类、淡水鱼和蝴蝶；据估计，1/4 的陆地物种栖息在这里。非洲刚果盆地的热带森林覆盖面积超过 400 万平方千米，是森林大象、大猩猩和其他野生动物的保护区。婆罗洲和苏门答腊群岛拥有世界上多样化最丰富的热带雨林和东南亚最后的大面积原始森林，拥有包括大象、猩猩、云豹在内的 200 多种哺乳动物，也是超过 350 种鸟类、150 种爬行动物和两栖类动物、1 万个植物物种的家园。

　　不同的毁林集中地区面临着不同的压力。全球范围内，造成森林破坏的主要原因包括农业、不可持续的砍伐和薪柴的使用、采矿、基础设施建设、森林火灾等。例如，马来西亚婆罗洲雨林被大面积砍伐后，改为油棕种植园（见图 1），用于生产棕榈油生物质柴油。如果不采取有效措施应对上述挑战，到 2030 年，全球毁林集中地区将会有 1700 万平方千米的森林不复存在❶——相当于德国、法国、西班牙、葡萄牙四个国家的面积总和。这些地区的森林生物多样性将不可避免地陷入重大危机。美洲豹、粉红淡水豚、克罗斯河大猩猩等珍稀物种将永远从地球上消失。

---

❶ 资料来源：世界自然基金会，全球森林生命力展望 2015，2015。

图 1　马来西亚婆罗洲雨林被改为油棕种植园

3.1.2　草原破坏

草原是重要的陆地生物多样性宝库。草原是以低矮旱生草本植物和灌木为优势植被的生态系统，包含草地、苔原、半荒漠等多种生态植被类型。全球草原可分为热带草原和温带草原，热带草原主要分布在非洲、澳大利亚、印度等地，温带草原主要分布在中国、蒙古、北美中部、南美阿根廷等地。草原主要位于森林和沙漠的中间地带，承担着防风固沙、保持水土、涵养水源、调节气候等生态功能，支撑着丰富的生物多样性。例如，全球农作物品种中有 1/3 源自草原，它们的野生祖先和亲缘品种仍生长在草原；草原还是野驴、猞猁、兔狲等多种珍稀濒危动物的栖息地。同时，草原贡献了全球 50% 的畜牧业产出。

草原荒漠化严重威胁生物多样性。随着世界人口增长和经济发展，人类在草原地区过度开展放牧、开荒种田等经济活动，导致草原表层土壤环境恶化和地下水位下降，加剧了草原荒漠化，严重挤压了野生动植物的生存空间。此外，牧场、农田和大型基础设施切断了野生动物取水、觅食和迁徙的道路，也对花粉、草籽的自由传播造成影响，阻断了草原地区的生物链。

专栏 3-2　　内蒙古草原荒漠化治理对生物多样性的影响

　　草原是内蒙古主要的自然生态系统类型。内蒙古草原地处世界最大的温带草原——欧亚草原的东部，是我国面积最大、系列最完整、种类最多样的温性天然草原，从东向西跨越了温带半湿润区、半干旱区及干旱区三个气候区，沿水分递减梯度依次分布有草甸草原、典型草原和荒漠草原。呼伦贝尔、锡林郭勒、科尔沁、乌兰察布、鄂尔多斯和乌拉特6大著名草原，生长着1000多种植物。

　　历史上，锡林郭勒盟、呼伦贝尔市等地基本上都是草原，没有多少耕地。20世纪50年代末，人们开始在草原地区大面积开垦；80年代，土地承包到户和个体经济快速发展，又掀起一轮开垦潮。随着草原荒漠化逐步加剧，生物多样性也受到严重威胁。进入21世纪，当地政府全面加强休牧轮牧、退田还草、生态奖励等措施，草原生态和生物多样性得到有效恢复。2020年，内蒙古草原综合植被平均覆盖率达到45%，比21世纪初的30%提高了15个百分点。在鄂尔多斯附近的库布齐沙漠（见图1）和毛乌素沙漠，生物种类更是由10多种增至530多种。

图 1　库布齐沙漠治理变绿洲

3.1　栖息地破坏

3.1.3 淡水栖息地破坏

河流、湖泊、湿地拥有丰富的生物多样性。地球三分之二以上的面积都是被水覆盖的，但在河流、湖泊、湿地和含水层中易于获得的淡水不到世界供水量的 1%。这些淡水庇护着 1/3 的脊椎动物，包括淡水鱼、两栖动物、水生爬行动物和哺乳动物等❶。地球上的溪流和河流将大量淡水从高地输送到湖泊和海洋，越往下游，水温越高，营养物质越多；因此，下游湖泊和河口三角洲地区的生物多样性最为丰富。例如，美国的淡水河口地区拥有世界上 60% 的螯虾物种、30% 的淡水贻贝、30% 的浮游生物❷。内陆湿地也拥有丰富的营养物质，植物茂密、种类众多，是鱼类、水獭、迁徙性候鸟的重要栖息地。

淡水栖息地破坏严重威胁生物多样性。20 世纪以来，人类生产生活消耗的淡水资源量增长了 8 倍。目前，人类占用了每年全球径流的一半左右，并大量建设水坝调节河流流量。人类还抽干或填平内陆湿地，用于农业或城市扩张。1700 年以来，地球上近 90% 的湿地已经消失。由于上述的人为干扰，1970 年以来全球淡水生命力指数下降了 84%，远远超过陆地物种和海洋物种减少的速度。其中，淡水物种数量下降主要集中在两栖动物类、爬行动物类和鱼类，而且在拉丁美洲和加勒比地区尤为突出❸。

3.1.4 海洋栖息地破坏

海洋是生物多样性的聚宝盆。海洋占地球栖息空间的 90% 以上，拥有已知物种约 25 万种，还有更多的物种尚待发现；据估计，至少有 2/3 的海洋物种未被识别。海岸区域包括沿海沼泽、红树林、海草床、珊瑚礁等栖息地，虽然面积只占海洋面积的 10%，但成为 90% 海洋物种的家园❹。红树林、海草草甸享有充足的阳光和由河流、潮汐、洋流带来的丰富营养，还能滤除有害物质和沉积物，因此成为各种鱼类和水生物种的栖息地。

---

❶，❷ 资料来源：E.奇文、A.伯恩斯坦，延续生命，北京：科学出版社，2019。
❸ 资料来源：世界自然基金会，地球生命力报告 2020，2020。
❹ 资料来源：泰勒·米勒、斯科特·斯普曼，生存在环境中，哈尔滨：哈尔滨出版社，2018。

海洋栖息地破坏严重威胁生物多样性。 目前，全球有 50% 的人口生活在距离海岸 200 千米范围内。由于人类开发海岸地区，1980—2005 年半数的沿海湿地和至少 20% 的红树林已消失。此外，约有 20% 的浅海珊瑚礁被人类活动破坏，深海珊瑚礁也因为海底拖网等人类活动遭受严重破坏[1]。随着红树林、珊瑚礁等海洋生物栖息地的大量消失，全球海洋生物的物种数量和种群规模均呈下降趋势，1970 年以来海洋生物多样性指数已下降了 35%。

专栏 3-3　建立海洋保护区对生物多样性的影响

　　2003 年开始，世界各地海洋保护区不断增加，总数已达到 5880 个，面积扩大了 150%。海草草甸、红树林、盐沼等海洋生物栖息地的破坏速度已经放缓，在许多地区的海洋生物栖息地面积甚至正在扩大。

　　许多大型海洋物种的种群数量也随之增加，一些物种种群数量的回升相当可观。2020 年，联合国教科文组织研究表明，在 124 个海洋哺乳动物种群中，47% 的种群数量近十年来显著增加，40% 没有变化，只有 13% 的种群数量缩减。

3.2　生物资源过度消耗

　　造成生物多样性下降的另一个重要原因是具有较高经济价值的生物资源被**过度消耗**[2]。人类通过捕猎野生动物、采集野生植物等方式获取食物、药品、衣物、工艺品的历史已有几千年。但 19 世纪以来，随着人口膨胀和技术进步，人类对生物资源的需求快速增长，猎杀和采集的范围与能力不断提高，导致一些地区出现了生物资源过度消耗的情况。无论是陆地、淡水还是海洋，无论是狩猎、采集还是捕捞，**当生物资源开发速度超过生物维持其种群的能力时，就会导致种群规模下降、分布区缩小甚至物种灭绝** [3]。

---

[1],[3] 资料来源：E.奇文、A.伯恩斯坦，延续生命，北京：科学出版社，2019。
[2] 资料来源：王慷林、李莲芳，生物多样性导论，北京：科学出版社，2020。

一种生物资源的过度消耗还会通过生物链影响其他物种的生存发展。物种间存在着竞争、捕食、寄生、共生等互动关系。当一个物种被人类过度猎杀或采集后，它的猎物可能会因为缺少天敌而大量繁殖，导致生态失衡；它的捕食者可能因为缺少食物，导致种群数量剧烈下降，甚至发生区域性灭绝。

3.2.1 为获取能源而过度消耗

巨大的木质能源需求导致森林资源过度消耗。2019 年，来自森林的薪柴、木炭等木质能源占全球可再生能源的 40%[1]，相当于太阳能发电、水电和风电的总和；木质能源还担负着全世界约 1/3 的人口烹调和取暖的重任[2]。为满足巨大的木质能源需求，全球每年被砍伐的森林中有一半被作为燃料使用[3]。在一些欠发达国家，森林砍伐速度是植树速度的 10 倍以上，导致了不可避免的森林退化。例如，海地 60% 的国土曾被森林覆盖，但由于当地居民为获取薪柴而过度砍伐森林，目前森林覆盖率已经下降到不足 2%[4]。

缺电地区更加依赖森林蕴藏的木质能源。一方面，撒哈拉以南非洲、中南美、东南亚等区域的电网建设严重不足，大量人口无法获得可负担、可靠、可持续的电能。2019 年，世界上仍有约 7.8 亿的无电人口，其中大部分居住在上述区域。另一方面，这些区域不仅缺电，用电成本也高。以撒哈拉以南非洲为例，平均电价达到 14 美分/千瓦时，是发展中国家平均电价的 2~3 倍，很多民众用不起电。为维持生产生活，人们被迫依赖薪柴、木炭。生物质能提供了非洲 45% 的一次能源供应，满足了超过 50% 的终端能源消费，直接导致了森林资源的大量消耗。此外，撒哈拉以南非洲、中南美、东南亚恰好又是全球人口增长和城市化速度最快的区域，能源需求在未来将快速增长。如果这些区域不能很好地解决民众用不上电、用不起电的问题，必将导致森林资源的过度消耗。

---

[1] 政府间气候变化专门委员在 2007 全球变暖评估报告中将生物质燃料定义为可再生能源。
[2] 资料来源：联合国粮农组织，世界森林状况，2018。
[3] 资料来源：联合国粮农组织，森林与能源，2007。
[4] 资料来源：泰勒·米勒、斯科特·斯普曼，生存在环境中，哈尔滨：哈尔滨出版社，2018。

专栏 3-4　非洲电力短缺与森林资源消耗

　　缺电导致的薪柴大量使用是非洲森林资源过度消耗的主要原因。 2018年，非洲能源消费总量和用电量的全球占比分别仅为6%和3%，撒哈拉以南非洲的电力普及率仅有45%。目前，非洲无电人口约6亿人；到2030年，全非洲预计仍将有5.3亿无电人口。因为无法获取可靠且经济的电能，全非洲约有9亿人使用低效的炉灶燃烧薪柴、木炭等传统生物质燃料做饭，直接造成了森林资源的过度消耗。2000—2010年，非洲每年森林减少面积约为2万平方千米，木质能源使用是最主要的原因，其贡献率超过50%[1]（见图1）。

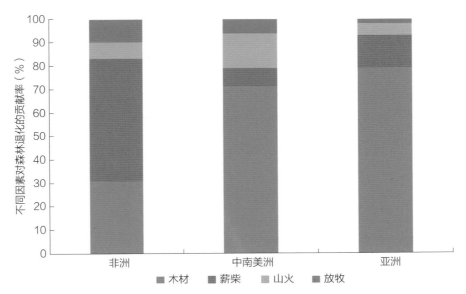

图1　2000—2010年全球森林退化驱动因素

图例：■木材　■薪柴　■山火　■放牧

　　人口增长、城市化和经济发展可能对非洲的森林资源施加更大压力。 非洲拥有当今世界1/5的人口，而且40%是15岁以下的年轻人。未来20年，非洲人口将快速增长，对全球人口增长的贡献率将超过50%。人口红利将推动城市化和经济增长，到2040年，非洲将增加5.8亿城市人口，经济规模将变为2019年的2.5倍[2]。快速的人口增长、城市化和经济发展将推高能源需求，非洲森林资源的可持续发展将面对更大的压力。

---

[1] 资料来源：联合国粮农组织，世界森林状况，2020。
[2] 资料来源：国际能源署（IEA），世界能源展望，2019。

3.2.2　为获取食物而过度消耗

在非洲、东南亚的森林地区，过度消耗"丛林肉"问题突出。在非洲中部，80%的动物蛋白质消费来自森林中的野生动物，仅在刚果盆地估计就有60%的哺乳动物被不可持续地捕猎。每年被猎杀的野生动物数量惊人，甚至超过了100万吨，足以供3000多万人每天享用约110克的"森林汉堡"❶。

全球渔业过度捕捞问题十分严重。一方面，世界上约1/3的海洋渔业资源被过度捕捞。过度捕捞比例最高的地区是地中海和黑海，其次是东南太平洋和西南大西洋❷。2019年，全球野生海鲜捕捞量已达到惊人的1190万吨。**此外，**过度捕捞海鱼还会对其他海洋生物造成不良影响。例如，礁鲨由于食物短缺和渔具干扰等因素影响，已在几个国家的珊瑚礁中完全消失。**另一方面，**全球内陆水域渔业也不容乐观。例如，中国长江流域的各类渔船曾一度超过16万艘、渔民超过30万人，而天然鱼类捕捞年产量却不足10万吨。为打破"资源越捕越少，生态越捕越糟，渔民越捕越穷"的恶性循环，中国农业农村部决定从2020年起实施长江十年禁渔计划，让长江的鱼类和其他水生动物休养生息。

3.2.3　为获取药品而过度消耗

一些药用价值高的动物被过度捕杀。在亚洲的一些国家，人们长期错误地认为某些野生动物对治疗疾病、保持健康、促进长寿颇有益处，导致这些动物被大量猎杀，甚至成为濒危或极度濒危物种。例如，穿山甲的鳞片只是普通的角质化皮肤附属物，并无特殊药效。近年来，一些国家的人们错误地将其视为名贵药材，导致穿山甲被乱捕滥猎、数量急剧下降，已经濒临枯竭。目前，中国已加大对穿山甲的保护力度，将其由国家二级保护动物提升至一级，非法猎杀和经营利用将被严惩。

---

❶ 资料来源：E.奇文、A.伯恩斯坦，延续生命，北京：科学出版社，2019。
❷ 资料来源：联合国生物多样性公约秘书处，全球生物多样性展望（第五版），2020。

穿山甲

一些药用价值高的植物被过度采集。原产自马达加斯加的长春花可以用于提取长春花碱和长春新碱，是治疗淋巴瘤和急性白血病的有效药材，但过度采集已使其野生种群濒临灭绝。非洲臀果树的树皮对治疗疟疾、前列腺肿大十分有效，因此被过度采集并大量出口。科学家估计，这种树将在 5～10 年内在野外灭绝[1]。中国众多的药用植物，如红豆杉、石斛、重楼、天麻等，也有类似的情况。

3.2.4　为制作衣物而过度消耗

人们对皮草、皮革制品的喜爱使一些物种陷入险境。以生活在美国西海岸的南方海獭为例，20 世纪初，它们由于厚且浓密的皮毛遭到大肆捕杀，种群数量从曾经的 2 万头迅速滑落至灭绝边缘。不仅如此，由于当地形成了"南方海獭—海胆—巨藻林"的食物链，南方海獭的几近消失，导致海胆大量繁殖，巨藻林支撑的生物多样性遭到破坏。美洲短吻鳄是另一个典型的例子，20 世纪30 年代起，人们为获取鳄鱼皮革而大肆捕杀它们；到 20 世纪 60 年代，美国路易斯安那州的短吻鳄种群数量下降了 90%，佛罗里达州大沼泽中短吻鳄的种群几乎灭绝。1967 年，美国政府将短吻鳄列入濒危物种名录加以保护，其种群数量才逐渐开始恢复。

---

[1] 资料来源：E.奇文、A.伯恩斯坦，延续生命，北京：科学出版社，2019。

南方海獭

美洲短吻鳄

3.2.5　为制作工艺品而过度消耗

　　人们对工艺品的过度追求让一些物种遭受灭顶之灾。以象牙为例，象牙因为坚硬密实、色泽柔润、适合雕刻，自古就作为工艺品原料而大受追捧。连根拔除或大部分截断象牙会引起大象的死亡，制作象牙工艺品的背后是大量屠杀。由于象牙贸易和非法捕猎，非洲大象的数量从 1979 年的 130 万头减少到 2013 年的不足 40 万头。现在，西非大象已消亡殆尽，中非及东非的大象数量也迅速下降。如果该趋势不能得到有效逆转，非洲大象将在 10 年或 20 年内绝迹。

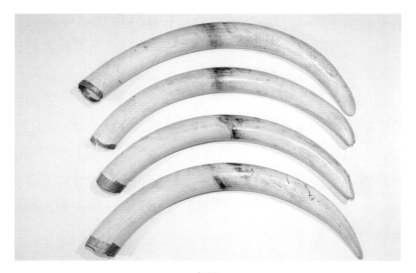

象牙

3.3 气候变化

气候变化引发地球碳循环失衡，对生物多样性产生广泛影响。地球碳循环是指地球系统中各圈层的碳，在海洋、陆地、大气中循环，以及在生物、物理和化学过程中不断交换。地球系统碳循环本应"自循环"和"自平衡"，但由于人类活动影响，天然碳汇无法消纳激增的碳排放量，造成地球碳循环失衡。碳循环的变化将深刻改变地球系统各圈层的循环关系，一旦打破平衡，发生质的转变，将引发气候环境连锁效应，使各类生态系统的结构和功能产生重大变化，进而改变物种分布、威胁物种生存。气候变化主要是通过温度上升、海洋酸化、冰川消融、极端灾害等方式对生物多样性产生影响。

3.3.1 温度上升

全球正在加速变暖。全球气候变暖是由大气中温室气体不断积累造成的。温室气体对来自太阳辐射的可见光具有高度透过性，而对地球发射出的长波辐射具有高度吸收性，能强烈吸收地面辐射中的红外线，导致地气系统吸收与发射的能量不平衡，额外能量不断在大气系统中累积，导致地球温度不断上升。2019 年，大气中二氧化碳（CO_2）浓度已上升至 415μg/g，达到历史最高值。世界气象组织（WMO）指出，全球平均气温已经比工业革命前升高了 1.2℃。2015—2019 年是有记录以来最热的五年，2019 年全球 36 个国家或地区气温创历史新高，全球变暖已经转变为"全球变热"。根据联合国政府间气候变化专门委员会（IPCC）最新研究[1]，到 2040 年，表面变暖将达到 1.5～1.6℃，陆地升温幅度大于全球平均水平，而北极地区升温幅度则是其两倍以上。

全球变暖影响物种分布，破坏动植物栖息地。**一方面**，随着全球变暖，生物的适应性将导致动植物向较凉爽的气候和更高的海拔移动。研究估计，陆地物种平均以每十年 17 千米的速度向两极移动，而海洋物种则以每十年 72 千米的速度向两极移动[2]。但是，由于大部分植物物种无法足够快速地改变其地理范围，气候灾难导致大量的树木和草本植物枯萎或物种灭绝。**另一方面**，许多动

---

[1] 资料来源：IPCC，Climate Change 2021：Sixth Assessment Report，2021.

[2] 资料来源：Pecl G T，Araujo M B，BellL J D，et al.，Biodiversity Redistribution under Climate Change：Impacts on Ecosystems and Human Well-Being，Science，2017，355（6332）：i9214.

物赖以生存的栖息地遭到破坏，也会导致物种灭绝。研究表明，当全球温升 2℃时，全球约 18% 的昆虫、16% 的植物和 8% 的脊椎动物将失去一半以上的生存空间；约 13% 陆地面积的生态系统类型将发生改变[1]；珊瑚礁覆盖率将下降到原来的 1%[2]。生物多样性相关的风险，如森林火灾和物种入侵的影响也将迅速升高。

3.3.2　海洋酸化

海洋酸化不断加剧。海洋酸化指的是海水溶解了更多大气中的二氧化碳，从而导致海水氢离子浓度升高，酸碱值降低、酸性增大的过程。自工业革命以来，海洋表层水的 pH 值已从 8.2 下降到 8.1，酸度已增加 30%[3]。根据地球系统模式预测的结果，在 21 世纪气候和碳循环之间呈正反馈，气候变化将部分抵消陆地和海洋碳汇机制，导致人为排放的二氧化碳存留在大气中。根据模型预测，当全球温升 1.5℃时，二氧化碳浓度的增加将加剧海洋酸化程度，并加大气候变化的不利影响；当全球温升 2℃时，海水 pH 值将减少 0.06。

海洋酸化影响海洋生物多样性，破坏珊瑚礁生态系统。一方面，由于许多海洋动植物的骨骼或壳由碳酸钙构成，在海洋酸化日益加剧的情况下，其中一些生物所分泌的碳酸钙很容易会被溶解，如处于食物链底层的微型浮游生物、人类饮食中常见的甲壳类动物、软体动物及一些胶黏在珊瑚礁周围的薄壳状植物等。这些生物位于食物链底端，海洋酸化对它们的影响将会通过食物网影响整个生态系统。**另一方面，**海水中溶解的碳酸根离子的减少还影响珊瑚礁生态系统。由于珊瑚骨骼需要碳酸盐来构建，因此降低碳酸根离子浓度可能会导致珊瑚骨骼变脆弱，珊瑚生长速度减慢。对百慕大珊瑚的研究发现，在过去的 25 年中，珊瑚钙化率下降了 50%，海洋酸化可能是影响因素之一[4]。珊瑚礁生态系统保护着一些低洼的海岸地区，使其免受侵蚀和洪水的入侵，而海洋酸化对珊瑚礁的影响必将危及这些低洼地区的群落安全。

---

[1] 资料来源：IPCC，Global Warming of 1.5℃，2018.
[2] 资料来源：世界自然基金会，地球生命力报告 2020，2020。
[3] 资料来源：WMO，Global Climate in 2015—2019，2020.
[4] 资料来源：Cohen A. Declining calcification rates of Bermudan brain corals over the past 50 years. 11th ICRS, Fort Lauderdale, FL. 2008.

3.3.3　冰川消融

冰川消融加速。冰川和冰盖储存了世界上 75% 的淡水，并且封存了大量的甲烷等温室气体。但由于全球变暖，海冰范围持续减少。IPCC 最新研究报告显示，预计北半球高纬度地区的变暖速度将是全球变暖水平的 2～4 倍[1]，北极夏季海冰面积以每十年约 13% 的速度下降，多年冰已几近消失[2]。南极海冰面积在 2019 年 5—7 月连续三个月创下历史新低[3]，南极冰盖的融化可能导致海平面在 2100 年上升超过 1 米[4]。格陵兰冰盖消融速度近 20 年来大幅加快，仅 2019年 7 月就有 1790 亿吨海冰消失[5]。"世界第三极"青藏高原的雪线上升，冰川面积每十年减少 1314 平方千米，而且呈加速消减的趋势[6]。

冰川消融影响海洋生物生存，危害沿海生态系统。**一方面**，依赖海冰进行休息、捕食和繁育的海狮、北极熊、海豹和其他海洋哺乳动物更易受到气候变化的影响。研究表明，2001—2010 年，阿拉斯加和加拿大东北部南波弗特海附近一个北极熊种群的数量下降了 40%。海冰面积减少还造成亚的里领地的皇企鹅数量减少 50%[7]。随着冰面退化，南极磷虾和其他小型生物的种群数量也在减少。由于磷虾在食物链中的重要作用，整个海洋食物网将遭受不利影响。**另一方面**，冰雪融化使得海平面升高。据估计，1/3 的海平面上升是由于南极和格陵兰地区冰盖融化造成的。许多沿海生态系统（如珊瑚礁、海草、盐碱沼泽地和红树林）为沿海地区提供了重要的保护，然而它们多数对海平面上升速度加快也很敏感，海平面升高将会使美国沿海 25%～80% 的湿地被淹没[8]。

3.3.4　极端灾害

极端天气灾害频发。极端天气通常指温度、降水、风速等气象要素突破历

[1],[4] 资料来源：IPCC，Climate Change 2021：Sixth Assessment Report，2021.
[2] 资料来源：WMO，Global Climate in 2015–2019，2020.
[3] 资料来源：WMO，WMO Statement on the State of the Global Climate in 2019，2020.
[5] 资料来源：WMO，Climate Science Informs COP25，2019.
[6] 资料来源：张瑞江、方洪宾，等，青藏高原近 30 年来现代冰川面积的遥感调查，国土资源遥感，2010。
[7] 资料来源：生物多样性公约秘书处，CBD 技术系列第 10 号，2003。
[8] 资料来源：王慷林、李莲芳，生物多样性导论，北京：科学出版社，2019。

史极值的现象❶。全球极端天气气候灾害❷在全球变暖的背景下发生频次呈上升态势，飓风、山火、高温热浪等各类极端天气发生的频率显著增加。国际灾害数据库统计显示，2000—2019年与气候有关的灾难有6681起，39亿人受到影响；相比之下，1980—1999年与气候有关的灾难有3656起，受灾难影响的有20亿人。根据美国国家海洋与大气管理局（NOAA）和威斯康星大学麦迪逊分校的研究结果，1979—2017年热带气旋达到或超过强飓风强度的概率增加，平均每十年增加约8%❸。在气候变暖最剧烈的时期，热带气旋的强度增加，导致更多的热带气旋成为飓风，更多的飓风成为强飓风。伴随着全球温度的升高，各类极端天气的强度、影响范围和持续时间大幅增加。

极端灾害威胁农作物生长。气候变化导致升温、降水格局发生变化、极端灾害频发，影响了农业生物多样性。干旱是造成农业减产的罪魁祸首，其次是洪水、风暴、病虫害和火灾。非洲大部分地区不利的气候条件及异常的干旱灾害，导致农作物种植面积和产量大幅下降❹。2017—2019年，澳大利东部遭受干旱，导致达令河停止流动，大规模的鱼类死亡，渔业遭受了巨大的损失。

极端灾害影响小岛屿生态系统。岛屿生态系统特别容易受到气候变化的影响。岛屿物种种群往往数量少、地方性强，并且具有高度特殊性，一旦出现暴风雨或大面积山火，很容易陷入面临灭绝的境地。据估计，自17世纪以来灭绝的75%的动物和90%的鸟类生活在与世隔绝的岛屿上。此外，23%的岛屿物种目前处于濒危状态，而世界其他地方则是11%❺。

3.4　环境污染

污染指自然或人为的向环境中添加某种物质且超过环境的自净能力而产生

---

❶ 极端天气是指气象变量值高于或低于该变量观测值区间的90%上限或10%下限的阈值时的事件，其发生概率一般小于10%。通常高温标准为日最高气温不小于35℃，暴雨标准为24小时降雨量不小于50毫米。
❷ 天气气候灾害通常是由天气气候事件导致人类社会正常运行发生变化，并造成损失和损害后果。灾害风险取决于天气气候事件、人员财产暴露度和脆弱性三大要素。短时间尺度的为天气灾害，长时间尺度的为气候灾害。
❸ 资料来源：James P K, Kenneth R K, Timothy L O, et al. Global increase in major tropical cyclone exceedance probability over the past four decades, PNAS, 2020, 117（22）.
❹ 资料来源：WMO, WMO Statement on the State of the Global Climate in 2019, 2020.
❺ 资料来源：INSULA, 国际岛屿问题期刊，2004。

危害的行为。环境污染的主要排放来源包括工业、交通、农业和水产养殖[1]。工业革命以来，人类不可持续的生产消费行为严重毁坏了地球环境，全球多地出现光化学烟雾、雾霾等空气污染事件，部分地区水质污染严重，固体废弃物焚烧和肆意丢弃，造成大气、土壤、淡水和海洋环境恶化，生物多样性受到严重威胁。

环境污染是生物多样性丧失的主要驱动因素。养分过高（特别是活性氮和磷过高）、农药、塑料、药品和其他废弃物可能造成直接危害，也可能造成食物链的富集效应、富营养化、酸雨等，导致遗传多样性减少、物种多样性减少和生态系统功能改变。

3.4.1 大气污染

酸雨、臭氧等空气污染问题严重。人类活动带来的硫氧化物、氮氧化物、可吸入颗粒物、臭氧等污染物排放量超出环境承载力，造成酸雨、雾霾、臭氧层破坏等空气污染问题。亚洲空气污染排放量最多，二氧化硫（SO_2）、氮氧化物（NO_x）和 PM2.5 细颗粒物等一次污染物排放量分别占全球的 48%、39% 和 46%[2]。地面臭氧在北半球中纬度和热带地区最高，在暖季达到顶峰，北美、地中海、南亚和东亚是臭氧污染的热点地区。

空气污染导致土壤和水体酸化。硫和氮等大气污染物导致土壤酸沉积和地表水酸化，从而损害森林和湖泊生态系统，影响森林生长，杀死鱼类和其他生物。土壤和水体酸化还会影响生态系统的养分循环和碳循环，以及地球和人类生命所依赖的水供应。氮沉降还会导致低营养生态系统的富营养化，从而使生物多样性发生大幅度变化。

地面臭氧污染影响动植物生长。地面臭氧会降低作物产量、影响森林健康、减少生物多样性。不同的植物种类对臭氧的敏感性不同，对臭氧更加敏感的物种在生态系统中的竞争优势将降低，而更具抗性的物种将占据优势。目前的地面臭氧水平会使小麦、大豆、玉米和水稻等主食作物的产量下降 2%～15%[3]。此外，由于臭氧污染导致森林树木生长速度减缓，降低了森林吸收二氧化碳的

---

[1],[3] 资料来源：联合国环境规划署，全球环境展望 6，2019。
[2] 资料来源：国际能源署，能源与空气污染，2017。

能力及其帮助调节气候变化的潜力，对气候也产生了连锁反应。

3.4.2 淡水污染

水环境质量持续恶化。人类活动是水污染物的主要来源，包括来自点源（家庭、工业或污水管道排放，化粪池泄漏）和非点源（因广泛扩散的农业使用以及城市地区降雨和融雪后产生的地面径流）的病原体、营养物、重金属和有机化学品等污染物[1]。全球范围内看，大部分河流水质呈现逐步恶化趋势，全球超过 80% 的废水未经污水处理直接排放。南美洲、非洲和亚洲河流的有机污染物含量持续增加，超过 1/3 的河流发现了致病性污染物，危及人类健康及灌溉、工业和其他用途[2]。

水污染加速水体富营养化。由于人类的活动，大量未经合理处理的工业废水和生活污水进入湖泊、河口、海湾等缓流水体，导致氮、磷等营养物质沉积，引起藻类及其他浮游生物迅速繁殖，水体溶解氧量下降、水质恶化，鱼类及其他生物大量死亡。

有机污染物、重金属和其他水污染危害水生生物。可生物降解的有机污染物会耗尽水体中的溶解氧，导致鱼类死亡，并将重金属从底层沉积物中释放回水面。重金属广泛应用于工业和农业部门，对水生生物具有毒性。合成化合物如新型甲素类杀虫剂对大多数节肢动物和无脊椎动物有毒性，而氟虫腈对鱼类有毒性。

3.4.3 土壤污染

土壤污染日益加剧。工业化、战争、采矿和农业集约化发展在全球范围内造成了严重的土壤污染问题。具体来讲，土壤污染源主要来自工业和采矿活动、生活垃圾和废弃物、农用杀虫剂和化肥、车辆尾气和塑料等[3]。2000—2017 年，全球杀虫剂的使用量增加了 75%。2018 年，全球人工合成氮肥的使用量高达 1.09 亿吨。塑料在农业中的使用量大幅增长，2019 年仅欧盟地区的农业部门

---

[1] 资料来源：联合国环境规划署，全球环境展望 6，2019。
[2] 资料来源：United Nations Envivonment Programme（UNEP），Towards a Pollution-Free Planet Background Report，2017.
[3] 资料来源：联合国粮农组织与联合国环境规划署，全球土壤污染评估，2021。

就消耗了 70.8 万吨非包装用塑料。废弃物的产生也在逐年增加，据估算全球每年产生的废弃物约 20 亿吨，随着人口增长和城市化进程加速，预计到 2050 年，这一数字将增至 34 亿吨[1]。

土壤污染威胁物种生存与繁衍，影响物种生存环境。一方面，土壤中的重金属等无机污染物和有机污染物，对生物有直接毒害作用。"三致效应"（致癌、致畸、致突变）和生殖毒性足以使生物丧失生存和繁衍能力。土壤中的污染物还可以通过生物富集作用，影响食物链后端生物的生存与繁殖。**另一方面，**土壤污染引起周围环境变化，导致物种丧失生存环境。矿区和电子废弃物堆置地等污染场地往往"寸草不生"，因为土壤中污染物在细胞层面破坏了微生物的生理代谢过程并在其体内累积，造成微生物群落多样性改变甚至消减，降低土壤生态系统的功能。

3.4.4　海洋污染

海洋环境受到海洋垃圾威胁。海洋垃圾是指海洋和海岸环境中具有持久性、人造或经加工的固体废弃物。海洋垃圾广泛存在于海洋深处和海底，其中 3/4 是由塑料构成的。2010 年，192 个沿海国家产生了 2.75 亿吨塑料废物，其中有 480 万 ~ 1270 万吨进入海洋[2]。据估计，全球海洋中的微塑料碎片超过 5 万亿个，合计重量达到 25 万吨。如果继续以目前的速度生产塑料，到 2050 年海洋中塑料的数量将超过鱼类总量。

海洋塑料威胁海洋物种生存，影响海洋生物多样性。一方面，塑料直接影响海洋生物生存。研究表明，由于摄食塑料或被塑料缠绕，约超过 800 种海洋和沿海物种受到影响[3]。2012—2016 年，受海洋垃圾摄入影响的水生哺乳动物和海鸟物种分别从 26% 和 38% 增至 40% 和 44%。**另一方面，**微塑料通过表面富集重金属、持久性有机污染物、新型高毒有机污染物等，作为污染物载体给海洋生物多样性带来严重危害。研究表明，海洋中的微塑料数量庞大，而微塑料表面的微生物量预计高达 1000 ~ 1.5 万吨[4]。在洋流和潮汐等作用下，微生

---

[1] 资料来源：联合国粮农组织与联合国环境规划署，全球土壤污染评估，2021。
[2] [3] 资料来源：联合国环境规划署，全球环境展望 6，2019。
[4] 资料来源：Zettler E R, Mincer T J, Amaral-Zettler L A. Life in the "Plastisphere": Microbial communities on plastic marine debris [J]. Environmental Science & Technology，2013，47（13）：7137-7146。

物通过聚集在微塑料上进行长距离跨海区的迁移，增加了海洋微生物迁移与传播的机会，造成外来物种入侵❶。此外，病原体也可通过微塑料这一载体被生物摄入或直接接触而引发生物毒理效应。

3.5 生物入侵

生物入侵是指外来物种进入一片新的栖息地后，繁衍生息并形成野生种群，且对当地的生态平衡和原有物种产生极大威胁。生物入侵的原因可分为自然扩散和人为引进两大类，其中后者的贡献度超过 90%❷。通常来说，在交通越发达的地区，人类无意带入和有意引入外来物种的可能性越高；另外，在生物多样性越低的地区，外来物种因为缺少天敌，更加容易造成入侵。因此，生物入侵的易发场所包括：① 港口、铁路、公路等交通基础设施附近；② 人为干扰严重的森林、草原栖息地；③ 生境较为简单的水域、农田、牧场；④ 被自然灾害破坏的栖息地。

入侵物种比本地物种更具竞争优势，因此能够打破原来的生态系统平衡，导致生物多样性丧失。入侵物种往往具有繁殖能力强、生长速度快、种群密度高等特点，同时环境耐受性和遗传变异性也强于本地物种，因此能够通过竞争、捕食、与本地物种杂交或向本地物种传播疾病等方式，形成单一优势种群，破坏原有生物链，甚至改变当地的水土环境和生态系统，威胁本地物种的生存发展。值得强调的是，虽然外来物种成为入侵物种的概率仅在 1/1000 左右，但其对生物多样性的危害极大。2015 年，全球 941 种濒危动物中有 18.4%受到生物入侵的威胁❸。

3.5.1 人类无意带入外来物种

在运输、旅游、工程建设的过程中，外来物种可以通过交通工具、压舱水❹、人工运河等途径扩大分布区。

---

❶ 资料来源：Harrison J P, Sapp M, Schratzberger M, et al. Interactions between microorganisms and marine microplastics：A call for research［J］. Marine Technology Society Journal, 2011, 45（2）：12-20. DOI：10.4031/MTSJ.45.2.2.
❷,❸ 资料来源：王慷林、李莲芳，生物多样性导论，北京：科学出版社，2020。
❹ 压舱水是指航运船只用于改变吃水深度、维持船身稳定而吸入和排出的海水。

陆地生物搭"顺风车"。 从大航海时代开始，老鼠、蛇类、昆虫等动物就作为"偷渡者"，登陆大洋中的很多岛屿，威胁当地物种的生存。例如，棕树蛇乘坐二战时期的美军运输船登陆关岛，造成了岛上几乎所有鸟类和大多数蜥蜴的灭绝。挪威大鼠坐日本运输船"偷渡"至太平洋上阿留申群岛中的"鼠岛"，造成了岛上 60% 鸟类和爬行动物的灭绝。

压舱水"走私"水生动物。 海洋石油和其他运输业迅速发展，由压舱水携带引起的外来生物入侵问题愈发严重。据国际海洋组织估计，每年都有超过 100 亿吨的压舱水被各类船舶在世界各地来回搬运，超过 1 万种生物通过压舱水在世界各地肆意入侵。例如，栉水母跟随美国运输船的压舱水首先到达黑海、然后到达里海，导致当地渔业崩溃。

人为拆除生物迁徙的天然屏障。 运河等基础设施将破除阻碍动物迁徙的天然屏障，加速生物入侵的发生。例如，20 世纪初，七鳃鳗通过人工开凿的运河进入北美五大湖区，造成白斑红点鲑和白鲑鱼等很多特产鱼类灭绝，扰乱了湖区原有种群结构，造成每年数十亿美元的损失。

吸血鱼——七鳃鳗

3.5.2 人类有意引入外来物种

人类为农林渔牧生产、观赏植物和饲养宠物、医药、环境治理等需求，有意引入外来物种，结果导致本地生物多样性丧失。

为农林渔牧生产引入外来物种。例如，20世纪五六十年代，为提高渔业产量，尼罗尖吻鲈被引入非洲第一大湖维多利亚湖。此后20年间，当地特有的300种鱼类中的2/3灭绝了。

为观赏或饲养目的引入外来物种。例如，在美国佛罗里达州南部，人们将缅甸巨蟒作为宠物引进。后来，人们将这种5米长的大蛇放生到了沼泽中，导致鸟类、短吻鳄、白尾兔、灰狐等种群被其过度捕食而发生衰退。

缅甸巨蟒

为医药需求引入外来物种。例如，洋金花含有的生物碱可以产生麻醉效果，因此被作为药用植物引入到多个国家。它易开花、结实量大、传播性强、极易占据生境。如今，洋金花已成功扎根100多个国家，成为世界知名的入侵物种。在中国香港，它因为严重破坏地表植被，而被列为"四大毒草"之一。

为治理环境引入外来物种。例如，美国为治理水体污染，从亚洲引入鲢鱼、草鱼、鲤鱼、鲮鱼等淡水鱼类。由于没有天敌，美国人又不爱吃这些淡水鱼，导致这些鱼类在美国水体中大量繁殖、泛滥成灾，严重威胁了美国的淡水生态系统。

亚洲鲤鱼

3.5.3　气候变化间接引发生物入侵

气候变化加剧微生物入侵。一方面，全球海面温度上升会引发更大、更严重的飓风。2004年，一种能够导致大豆锈病的真菌，伴随严重的飓风从巴西传播到美国大陆，对美国大豆和其他植物物种构成了极大威胁。**另一方面，**全球海面温度上升会造成更长时间、更剧烈的干旱，使大洋上的尘埃云变大。聚多曲霉这种源自撒哈拉沙漠的真菌，被信风卷入大西洋上巨大的尘埃云中，再从非洲西岸漂浮到加勒比地区，使当地多种扇贝患上致命的传染病。

气候变化引发的物种迁徙加剧生物入侵。随着气候变暖，一些怕热的物种被迫迁徙到高纬度或者高海拔地区，一些喜热的物种则借机扩大分布区。外来物种迁入新栖息地后，很可能会破坏原来的生态平衡，对本地物种构成威胁。例如，2000年以来美国科罗拉多州的冬季变暖，为山松甲虫提供了适宜的生存条件，令当地60%的黑松遭到虫害破坏[1]。

3.5.4　转基因生物入侵

转基因作物可能导致生物入侵。转基因作物对人类社会的影响已经超乎想象。2001年美国26%的玉米和69%的棉花，以及2005年80%以上的大豆

---

[1]　资料来源：泰勒·米勒、斯科特·斯普曼，生存在环境中，哈尔滨：哈尔滨出版社，2018。

都是转基因作物[1]。转基因作物的花粉可能使其野生近缘植物受精，产生具有超过野生亲本能力的新物种，导致原来的本地物种灭绝。目前，转基因油菜、玉米的基因已经在非转基因油菜和玉米上发现，十分令人担忧。

转基因动物可能危及野生近缘动物生存。例如，转基因鲑鱼不能很好地适应野外生存，但因为体形更大而比野生鲑鱼更具交配优势。它能与野生个体成功交配，产生大量环境适应力弱的可育后代，这可能导致当地原有鲑鱼种群数量的减少乃至最终灭绝。

3.6　气候变化日益成为生物多样性危机的全局性驱动因素

气候变化对生物多样性的破坏日益加剧。工业革命以来，化石能源大量开发和使用，引发地球碳循环失衡，导致全球温度上升、海洋酸化加剧、冰川消融加速、极端天气灾害频发。2016—2020 年，极端天气和高温等气候灾难已成为全球主要危机[2]，气候危机这只致命的"灰犀牛"正狂奔而来。在今后几十年，气候变化对生物多样性的影响将越来越显著。根据联合国环境规划署的相关研究，到 21 世纪末，多达 1/5 的野生物种将因气候变化面临灭绝风险，且最高丧失率将出现在某些"生物多样性热点地区"。应对全球气候变化、实现《巴黎协定》目标，对于保护生物多样性至关重要。

气候变化对生物多样性产生全局性的影响。**一方面**，栖息地破坏、过度消耗生物资源等驱动因素的影响常常局限于某一地区，而气候变化能够全面深刻地影响地球的大气圈（如气温异常）、水圈（如海洋酸化）、冰冻圈（如冰川消融）、岩石圈（如土地荒漠化），对生物多样性产生全球性、根本性、深远性的影响。**另一方面**，气候变化会与其他驱动因素产生连锁反应，破坏生物圈动态平衡，严重威胁生物多样性：① 气候变化将改变生态系统结构与功能，导致森林面积缩小、草原荒漠化、红树林和珊瑚礁减少等生物栖息地破坏。② 气候变化将加剧暴雨、台风等极端天气灾害，很可能会把大量工业和农业化学品、生物垃圾等带入环境，造成严重的环境污染。例如，1993 年上半年，厄尔尼诺引发的夏季暴雨导致密西西比河决堤，美国中西部 9 个州大约 9.3 万平方千米的

---

❶ 资料来源：E.奇文、A.伯恩斯坦，延续生命，北京：科学出版社，2019。
❷ 资料来源：World Economic Forum（WEF），The Global Risks Report 2020（15th Edition），2020.

土地被淹，数吨有毒化学品和过量的营养物质被带入墨西哥湾，形成了一片"死亡地带"，造成无数鱼类和软体动物死亡[1]。③ 气候变化将在某些地区造成更长时间、更加剧烈的干旱或洪涝灾害，导致粮食减产，进而造成人类对野生动物的过度捕食。④ 气候变化还将改变物种分布、生命周期、群落结构，间接加剧生物入侵。

气候危机的根源是能源问题。一系列气象观测和科学研究已经表明，工业革命以来，人类大量燃烧和使用化石能源是加剧全球气候变化的根源[2]。IPCC最新研究报告强调，人类活动导致大气、海洋和陆地变暖的结论是非常明确的，如果没有人类燃烧化石燃料，2020 年西伯利亚的热浪和 2016 年亚洲的酷热本不可能发生。从当前和长远看，破解生物多样性危机，必须把握能源这个关键，加快实现绿色低碳发展。

---

[1] 资料来源：E.奇文、A.伯恩斯坦，延续生命，北京：科学出版社，2019。
[2] 资料来源：全球能源互联网发展合作组织，破解危机，北京：中国电力出版社，2020。

4 不合理能源发展方式是导致生物多样性危机的重要根源

工业革命以来，化石能源成为主导能源。经过长期的过度开发，全球化石能源资源日益紧缺，各国建立在化石能源基础上的经济体系"碳锁定效应"❶十分严重，极大阻碍世界绿色低碳转型和可持续发展。化石能源在开发、加工、转换和使用等各环节产生大量的温室气体和有害物质，加剧气候变化，带来大气、淡水、土壤、海洋环境污染，引发生物栖息地破坏和碎片化，对生物多样性造成严重威胁。化石能源大规模远距离运输也增大了生物入侵的风险。此外，一些地区生物质能源过度开发利用、电力可及率低，还导致森林、农作物、动物等生物资源过度消耗。"能源—驱动因素—生物多样性"之间的关系如图 4.1 所示。

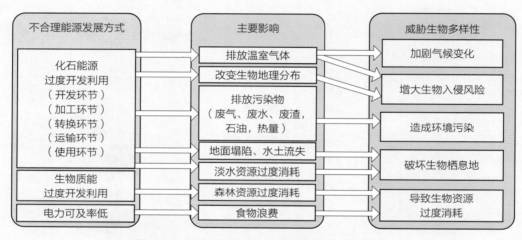

图 4.1　不合理能源发展方式影响生物多样性

总体来看，能源不合理开发利用对气候变化、环境污染、栖息地破坏、生物资源过度消耗、生物入侵等生物多样性危机的主要驱动因素都产生重要影响，是造成生物多样性破坏的最重要因素。

---

❶ 碳锁定效应是指经济社会发展一旦采用高碳的能源、技术和基础设施就会一直沿着这一路径发展，从而难以转化成更先进、更低碳的发展模式和发展路径。

4.1　加剧气候变化

4.1.1　化石能源燃烧排放大量二氧化碳

化石能源燃烧是全球二氧化碳排放的主要来源。2019 年，二氧化碳排放量占全球温室气体排放量的比重达到 75%，位于主导地位；与化石能源相关的二氧化碳排放量约占全球二氧化碳排放量的 86%[1]（见图 4.2）。由此可见，解决好化石能源排放问题对于应对气候变化具有决定性作用。

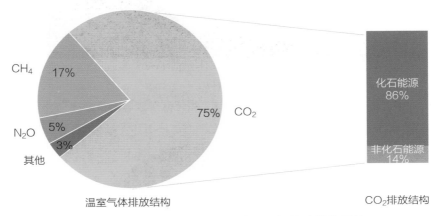

图 4.2　2019 年全球温室气体及二氧化碳排放结构

化石能源碳排放规模和占比不断扩大。如图 4.3 所示，1970—2019 年，由于化石能源排放规模快速扩大，全球二氧化碳排放量增长了一倍。同一时期，化石能源利用产生的二氧化碳排放量所占比重也不断增加。2019 年,化石能源利用产生的二氧化碳约占全球二氧化碳排放量的 86%，相比 1970 年的 74% 有所提高。按当前趋势发展，煤炭和天然气排放比重将继续增加，对未来全球能源系统转型和减排提出巨大挑战。

分部门来看，能源、工业和交通部门消耗了大量化石能源，是二氧化碳排放的主要行业。2019 年，能源、工业和交通部门碳排放量分别占全球总量的 41%、20% 和 14%[2]（见图 4.4）。

---

[1],[2] 资料来源：联合国环境规划署，2020 年排放差距报告，2020。

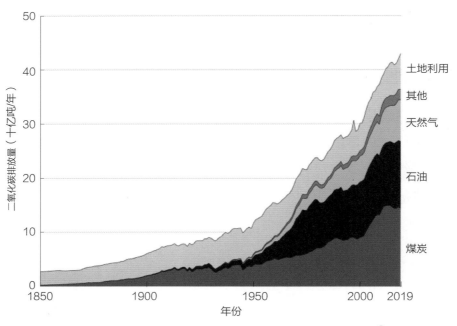

图 4.3　1850—2019 年全球二氧化碳排放总量及结构[1]

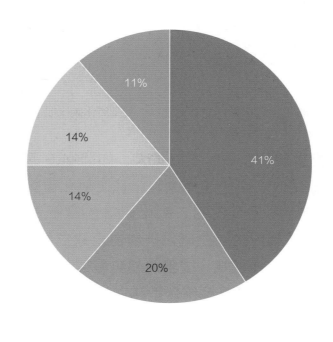

■ 能源　■ 工业　■ 交通　■ 农业　■ 其他

图 4.4　2019 年全球不同行业二氧化碳排放占比

---

[1] 资料来源：Global Carbon Project，Global Carbon Budget，2020.

分能源品种来看，各类化石燃料中煤炭碳排放系数最高。燃烧一吨标准煤当量的煤炭、石油、天然气分别产生大约 2.77、2.15、1.65 吨二氧化碳。2015年，煤炭在世界一次能源消费中占比 28%，但却产生了 45%的二氧化碳排放量[1]（见图 4.5）。

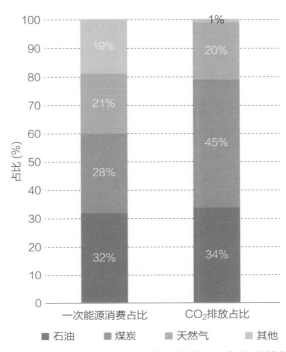

图 4.5　2015 年全球各类化石能源消费及二氧化碳排放情况

4.1.2　化石能源开发利用排放大量甲烷

甲烷的影响不容忽视。 甲烷是仅次于二氧化碳的第二大温室气体，在过去 20 年内，甲烷对全球变暖的贡献率已超过 25%[2]。与二氧化碳相比，甲烷的影响更"强悍"，它捕捉大气中热量的能力是二氧化碳的 84 倍。IPCC 第六次气候变化评估报告（AR6）研究表明，近年来全球甲烷排放量显著增长，当前大气中的甲烷浓度比工业革命前增加了 150%以上，远远高于 IPCC 第五次气候变化评估报告中设定的安全限值。尽管如此，甲烷受到的关注远不如二氧化碳，没有被纳入大多数国家的气候承诺。应对全球气候变化，亟须提高各国对甲烷的重视程度。

---

[1] 资料来源：IEA，CO₂ Emission from fuel combustion 2017，2017.
[2] 资料来源：IPCC，Climate Change 2021：Sixth Assessment Report，2021.

化石能源开发利用是甲烷的主要来源。甲烷排放主要来自三个领域：化石燃料的加工和使用、垃圾填埋、畜牧业。据估计，化石能源开发利用每年产生1.1 亿吨甲烷，是甲烷的主要排放源。① 甲烷是天然气的主要成分，在天然气生产、加工、储存、传输和分配过程中，约有 8%的甲烷会散发到大气中。② 在形成煤炭的地质作用中，大量甲烷被封存在岩石的周围和内部，形成煤层气。开采煤炭时，煤层气可能部分泄漏，向大气中释放甲烷。③ 同煤炭一样，形成石油的地质作用也会产生大量甲烷，这些甲烷会在石油开采和提炼阶段被释放。④ 化石燃料的不完全燃烧会产生甲烷，化石燃料用于发电、供热或用作汽车燃料时，都会排放甲烷。⑤ 化石能源开发利用加剧全球气候变化，导致冻土融化加速、山火喷发，将进一步增加大气中的甲烷浓度。

4.2 造成环境污染

4.2.1 化石能源生产造成淡水和土壤污染

煤炭生产造成严重的淡水污染。一方面，采煤产生的酸性矿山排水，洗煤产生的煤浆（泥）及燃煤残留的煤灰会造成严重的淡水污染。按照当前的技术水平，每开采一吨煤会污染 1～1.5 立方米淡水❶。另一方面，煤炭固体废弃物露天堆放易对大气、水、土壤产生二次污染。煤炭在开采、加工和利用环节持续产生煤矸石、粉煤灰等固体废弃物。采煤和洗煤过程中，产生的煤矸石固体废弃物占煤炭产量的 10%～15%❷。通常情况下，煤炭固体废弃物采用自然堆积的方式贮存，雨水浸渍、阳光暴晒和风力作用可能将其中的污染物带进河流、空气和土地，产生二次污染问题。

页岩气开发造成土壤和淡水污染。采用水力压裂技术开采页岩气，每生产 1 亿立方米的天然气会产生 30～130 立方米的废水。废水中除了含有有害化学添加剂，还含有储集岩中浸出的烃类化合物、重金属和矿物盐类。若这些废水渗透到地下含水层，会严重影响地下水环境质量❸。压裂过程产生的泥浆含有大量化学物质、有毒的重金属，可能会在数道净化处理工序中发生泄漏，对土壤及

---

❶ 资料来源：宋世杰，煤炭开采对煤矿区生态环境损害分析与防治对策，煤炭加工与综合利用，2007。
❷ 资料来源：李长胜、雷仲敏，能源环境学，太原：山西经济出版社，2016。
❸ 资料来源：田磊、刘小丽，等，美国页岩气开发环境风险控制措施及其启示，天然气工业，2013。

地下水、地表水造成污染❶。

专栏 4-1　　南非煤炭开采造成环境污染

南非是煤炭资源大国。南非煤炭储量约为 2057 亿吨，约占全非洲煤炭总储量的 2/3，其中已探明储量约为 587.5 亿吨。南非煤炭年产量不仅居非洲之首，在全球也是名列前茅。

南非采煤活动造成严重的淡水污染和土壤污染。由于过度进行煤炭开采，流经矿区的奥勒芬兹河（Olifants）成为南部非洲污染最严重的河流之一。煤炭开采后，固体废弃物堆积不仅侵占耕地，还造成土壤中重金属浓度偏高，导致玉米等大量农作物死亡，造成粮食产量降低并引发粮食危机。河流中由于存在铅、镉等重金属元素，使得鱼类等动物大量死亡。

专栏 4-2　　美国马塞勒斯页岩气开采造成环境污染

美国马塞勒斯（Marcellus）页岩气田是目前世界上最大的非常规天然气田，位于东部阿帕拉契亚（Appalachian）盆地，横跨纽约州、宾夕法尼亚州、西弗吉尼亚州及俄亥俄州东部。最新评估报告显示，马塞勒斯页岩气的可开采量为 13.85 万亿立方米，可供全美 20 多年的天然气消费❷。

美国马塞勒斯页岩气开采带来巨大环境问题。页岩气开发造成水资源紧张。该气田的用水量甚至达到了宾夕法尼亚州淡水消耗量的 1%，对当地水生生物的生存及捕鱼业、城市和工业用水造成巨大影响❸。页岩气开发也会产生严重的环境污染。压裂过程产生的泥浆可用安全程度各异的多种方式储存起来。泥浆除了含有自然形成的盐、有毒的重金属及从岩石中浸滤出来的放射性物质，还存留着压裂过程中使用到的化学物质。如果储存不当，泥浆可能发生泄漏，造成土壤和水污染。

---

❶ 资料来源：泰勒·米勒、斯科特·斯普曼，生存在环境中，哈尔滨：哈尔滨出版社，2018。
❷ 资料来源：夏玉强，Marcellus 页岩气开采的水资源挑战与环境影响，科技导报，2010。
❸ 资料来源：陆辉、卞晓冰，北美页岩气开发环境的挑战与应对，天然气工业，2016。

图 1　页岩气开采

　　石油开采会造成水和土壤污染。石油生产、贮运、炼制加工及使用过程中，由于事故、不正常操作及设备检修等原因，会发生石油泄漏，造成环境污染。**一方面，**石油会改变土壤的物理和化学特性。石油进入土壤，会使土壤板结化，降低土壤的透水性，同时使土壤的有效氮、磷含量减少，改变土壤有机质的碳氮比和碳磷比，导致土壤功能失调和土壤质量下降。**另一方面，**石油开采会对地下水造成污染。石油开采过程中产生的废水、废弃泥浆和钻井液中含有重金属、硫化物等，在长期存储中会逐渐渗漏，污染表层地下水，引起周边农作物正常生长发育受阻，抗病虫害能力降低，导致粮食减产[1]。

专栏 4-3　加拿大艾伯塔省焦油砂开采造成环境污染

　　加拿大具有丰富的焦油砂资源。在加拿大艾伯塔省的西北部有一片广袤的北方针叶林，其下沙质土壤中蕴藏的焦油砂资源相当于该资源全球储量的 3/4[2]。

❶ 资料来源：朱林海，等，石油污染对土壤—植物系统的生态效应，应用与环境生物学报 18 卷，2012。
❷ 资料来源：泰勒·米勒、斯科特·斯普曼，生存在环境中，哈尔滨：哈尔滨出版社，2018。

　　开采焦油砂制油会造成严重的环境危害。与开采常规轻质石油和紧锁于页岩中的原油相比，开采焦油砂会对土地、水、野生生物等造成更为严重的危害。开采作业前，需要砍伐针叶林，移除由沙质土壤、岩石、泥炭及黏土组成的表土，将焦油砂矿床暴露出来（见图 1）。焦油砂的加工过程会消耗大量的水资源，由此产生的有毒污泥和废水会形成面积如湖泊的尾矿池，令许多试图在其中觅水及取食的迁徙性鸟类中毒而亡。

图 1　焦油砂开采作业

4.2.2　石油污染和热污染威胁海洋生态安全

　　石油泄漏是造成海洋生态环境恶化的重要原因。全球 34% 的石油资源来自海洋，50% 以上的石油通过海上运输。海上油井管道泄漏、油轮事故、船舶排污等每年产生约 1000 万吨石油污染物。**一方面**，石油在水面形成油膜，阻碍了水体与大气之间的气体交换，降低水中的含氧量，影响动植物生长；油膜还会使透入海水的太阳辐射减弱，从而影响海洋植物的光合作用。**另一方面**，油类黏附在鱼类、藻类和浮游生物上，致使海洋生物死亡和种群数量下降，并破坏海洋生物生存环境[1]。

---

[1] 资料来源：左先文，海洋面临的污染与保护，广州：广东世界图书出版社，2010。

专栏 4-4　美国墨西哥湾"深水地平线"钻油平台漏油事件

墨西哥湾漏油事件是世界历史上最严重的环境灾难之一。2010 年 4 月 20 日，英国石油公司租用的名为"深水地平线"的深海钻油平台发生爆炸，11 名钻机工人丧生[1]。随后的 87 天里，数百万加仑的石油涌入了墨西哥湾。事故发生后，该水域附近的鱼类种群减少了 50%～80%，珍稀鲸鱼的数量减少了 22%，至少有 80 万只鸟类和 17 万只海龟死亡。漏油事件造成的环境污染危害持续至今，并通过食物链传导给人类。直到 2018 年，该水域数千种鱼类中仍发现了较高含量的油污染，其中包括黄鳍金枪鱼、方头鱼和红鼓鱼等人类饭桌上受欢迎的海鲜。2011—2017 年，该地区黄缘石斑鱼肝脏组织及胆汁中的油污浓度增长了 800% 多。

沿海电站排放的冷却水造成严重热污染。一个装机容量为 100 万千瓦的火电厂，冷却水排放量为 30～50 立方米／秒；装机容量相同的核电站，排水量较火电厂约增加 50%。冷却水排入海水中，导致水温高于环境水温 6～11℃[2]。

热污染对海洋生物造成严重影响。一方面，水体升温加速了海水中有机物的生物降解和营养元素的循环，藻类因而过度生长繁殖，导致水体富营养化。**另一方面，**水温升高会减少水中溶氧量，加快鱼类的新陈代谢率，鱼类因缺氧导致寿命缩短甚至死亡。此外，鱼类都是在小范围的适温环境产卵，水温升高可能使鱼类排卵数目减少，有时甚至无法排卵[3]。

核电站事故产生的核废水危害海洋生态安全。核废水中含有碘-131、锶-90、铯-137 等放射性物质。这些放射性物质进入海洋，将会对海洋环境造成相当严重的影响，导致海洋生物发生基因突变。大多数放射性物质半衰期较长，对于受到核污染的海洋区域，要投入大量人力物力进行长时间的清理工作，极大消耗区域经济力量。

---

[1] 资料来源：BP 集团，2010 年可持续发展报告概要，2011。
[2] 资料来源：刘永叶，等，核电站温排水的热污染控制对策，原子能科学技术 43 卷，2009。
[3] 资料来源：左先文，海洋面临的污染与保护，广州：广东世界图书出版社，2010。

专栏 4-5　　　日本福岛核事故

2011 年 3 月 11 日，位于日本东北海岸的福岛第一核电站发生了重大事故。一场发生在日本东北地区近岸海域的 9 级大地震引发了严重的海啸，巨浪（达到 14.7 米）冲过了核电站的防波堤，令核电站反应堆堆芯的应急冷却系统无法获得电力；随即巨浪又淹没了应急冷却系统的备用柴油发电机，应急冷却系统失灵导致堆芯温度过高，产生了大量氢气并引发数次爆炸，反应堆建筑的屋顶被炸飞，导致放射性物质进入大气和附近海水中。

日本福岛核事故产生的核废水危害海洋生态安全。2011 年 3 月 28 日的监测结果表明，福岛第一核电站附近海水中铯-137 的水平是正常标准的 20 倍，碘-131 含量也严重超标。碘浓度和铯水平达到一定程度后，所对应的辐射剂量将导致海洋动物死亡或影响它们的生育能力。福岛核泄漏事故导致超过 11 万人失去了家园，10 年后的今日仍令某些地区遭受高水平的放射性污染，很可能在未来 20 年内一直都不适宜人类和其他生物居住。

4.2.3　化石能源燃烧造成空气污染

化石能源燃烧和生物质初级利用是空气污染物的主要来源。化石能源和生物质燃烧产生 90%以上的二氧化硫（SO_2）和氮氧化物（NO_x）、85%的细颗粒物（PM2.5）。其中，SO_2 和 NO_x 是酸雨的主要成分，PM2.5 及 SO_2 和 NO_x 生成的二次污染物是雾霾的主要成分。2015 年全球三大主要空气污染物排放量及构成如图 4.6 所示。

分行业来看，各类空气污染物的行业占比不同。全球 SO_2 年排放量约为 8000 万吨[1]，其中电力部门和工业部门的排放量占排放总量的比例分别为 33% 和 45%。全球 NO_x 年排放量为 1.1 亿吨，交通部门和工业部门的排放量占排放总量的比例分别为 52% 和 26%。全球 PM2.5 年排放量为 4000 万吨，居民生活用能产生约一半 PM2.5 排放。

---

[1] 资料来源：国际能源署，能源与气候污染，2016。

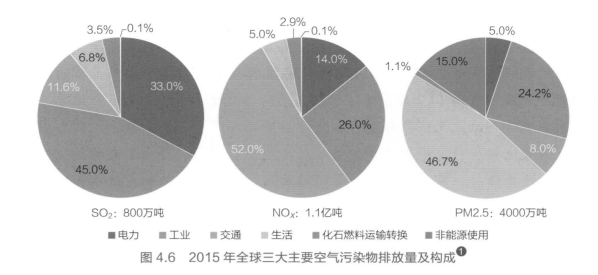

图 4.6　2015 年全球三大主要空气污染物排放量及构成❶

分能源品种来看，各类化石燃料对空气污染产生不同作用。如图 4.7 所示，煤炭是 SO₂ 的主要排放源，约占排放总量的 55%，每燃烧一万吨煤平均产生 100 吨 SO₂；石油是 NOₓ 的主要排放源，占排放总量约 70%，每燃烧一万吨石油平均产生 170 吨 NOₓ；生物质能初级利用是 PM2.5 的主要排放源，约占排放总量的 65%，每燃烧一万吨生物质平均产生 123 吨 PM2.5。

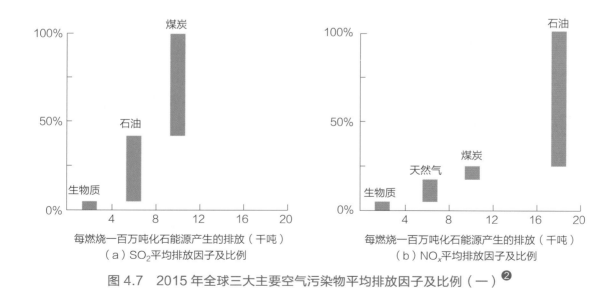

图 4.7　2015 年全球三大主要空气污染物平均排放因子及比例（一）❷

❶，❷ 资料来源：国际能源署，能源与气候污染，2016。

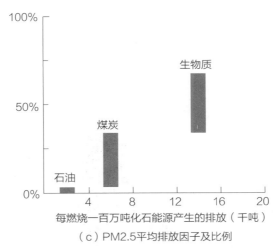

（c）PM2.5平均排放因子及比例

图 4.7　2015 年全球三大主要空气污染物平均排放因子及比例（二）❶

专栏 4-6　　　欧洲地区酸雨问题

酸雨是欧洲主要的环境问题之一。20 世纪 60 年代，欧洲建立了欧洲大气化学监测网，发现 pH 值低于 4.0 的酸雨地区集中于地势较低地区，如荷兰、丹麦、比利时等。瑞典科学家奥登研究了欧洲的气象、降水、湖水和土壤的化学变化，证实了欧洲大陆存在大面积酸雨。

酸雨危害淡水生态系统。大多数鱼类都无法在 pH 值低于 4.5 的水中生存。此外，酸性降水在土壤空隙间流动时，会将吸附在土壤矿物质上的铝离子（Al^{3+}）释放出来，并携带至湖泊、溪流、湿地等水体中。铝离子进入水体后，会对许多种鱼类的鱼鳃产生刺激，令其分泌过多的黏液，导致鳃部堵塞而引发窒息。由于酸度过高，在挪威和瑞典的数千个湖泊中，鱼类变得踪迹难寻。

酸雨影响森林生长。酸雨会把诸如钙和镁等至关重要的植物营养物质从土壤中淋洗出来，同时把森林土壤中的铝离子、铅离子、镉离子和汞离子释放出来，令树木受到毒害（见图 1）。由于酸雨的缘故，到 1983

---

❶ 资料来源：国际能源署，能源与气候污染，2016。

年，德国原有的 7.4 万平方千米森林有 34%染上枯死病。原来生机勃勃的繁荣景象一去不复返，只留下衰败的景象。

图 1　受酸雨腐蚀后的森林

专栏 4-7　　　　雾霾影响农作物生长

雾霾降低农作物的光合作用。农作物的光合作用是其生长发育所需要的物质和能量的重要来源，光合作用的强弱会直接影响到农作物的生长发育和产量。雾霾天气，空气的流动性较差，颗粒物对光的遮挡和吸收造成光照强度的降低。这将直接影响农作物的光合作用强度，使农作物生长所需的养分和能量得不到充分满足，从而影响其正常的生长和发育，最终导致农作物产量降低。

雾霾减弱农作物的呼吸作用。在雾霾天气发生时，由于空气中细微颗粒物浓度过大且空气流通不畅，大量的固体颗粒、液滴和有害气体，通过气孔被农作物吸收进入体内。有害气体吸入过多，导致二氧化碳和氧气比例失调，对农作物的正常新陈代谢产生干扰，危害农作物的健康生长发育，严重的可以使其叶片发黄、萎蔫甚至死亡[1]。

---

[1] 资料来源：吕孟雨，等，雾霾天气对农作物的影响因素研究，2016。

4.3 破坏生物栖息地

4.3.1 化石能源开采加剧矿区水土流失

化石能源开采造成地面塌陷和水土流失。煤炭开采导致地下形成采空区，使上方岩石、土体失去支撑，导致地面塌陷。在部分岩层松软地区，每开采 1 万吨煤炭，可造成约 3000 平方米地面塌陷[1]。化石能源开采造成严重的水土流失。煤炭开采过程中挖掘地表、堆弃土渣、破坏土地和植被，从而减少了地面植被覆盖，使土壤抗蚀指数降低，加剧了水土流失，破坏生态环境[2]。

> **专栏 4-8　中国淮南矿区水土流失**
>
> **淮南矿区煤炭资源丰富。** 淮南矿区位于华东经济发达区腹地，安徽省中北部，横跨淮南、阜阳和亳州三市，地理位置优越，煤炭资源丰富。煤炭矿区东西长约 70 千米，南北宽约 25 千米，面积约 1600 平方千米，煤炭资源储量 285 亿吨，是目前中国东部和南部地区煤炭资源最好、储量最大的一块煤田[3]。
>
> **煤炭大量开采导致水土流失。** 由于连年开采，导致矿区塌陷面积达 120 平方千米，约占矿区总面积的 7.5%。土地塌陷使可利用土地面积大量减少，导致水土流失；其次塌陷地区会形成大片积水，积水会侵蚀表土导致土壤中植物营养物质耗竭，最终在水中沉淀下来，不仅会造成水污染，而且将引发水资源危机，威胁生物多样性。
>
> **中国政府积极开展治理行动。** 2012 年 9 月，安徽省出台《安徽省皖北六市采煤塌陷区综合治理规划（2012—2020 年）》，确立了采煤沉陷区综合治理思路和目标，提出了土地复垦、水系治理、塌陷区地下充填等举措。此后，安徽省淮南市启动九大采煤沉陷区综合治理工程，大力恢复沉陷区植被。2019 年，淮南市完成废弃矿山治理项目 17 个，治理面积 700 万

---

[1] 资料来源：罗开莎，等，淮南矿区水资源利用研究，环境污染及公共健康会议，2010。
[2] 资料来源：宋世杰，煤炭开采对煤矿区生态环境损害分析与防治对策，煤炭加工与综合利用，2007。
[3] 资料来源：陈永春，淮南矿区利用采煤塌陷区建设平原水库研究，煤炭学报，2016。

平方米；2020 年，完成 70 个废弃矿山的治理工作，治理面积 2433 万平方米。例如，老龙眼水库生态区占地 16.37 万平方米，是资源枯竭矿区修复项目。按照"因山造景、因水造景、因势造景、返璞归真"的原则，淮南市已完成水系疏导、水库坝体除险加固、库区水质治理、景观绿化等工程，初步建成以"山、水、林、居"为特征的最佳人居生态环境。生态修复后，淮南市由煤城变绿城，如图 1 所示。

图 1　生态修复后淮南市煤城变绿城

4.3.2　化石能源开采导致生境片断化

化石能源开采造成的生境片断化会对生物多样性产生负面影响。化石能源开采和运输需要建设大量道路和管道，形成一道道屏障，会将一大片完整的生物环境区域分割成为面积更小的孤立区域，导致生境片断化，使得动物的活动范围受到限制，影响其觅食、交配等活动，抑制种群数量的增加。

专栏 4-9　尼日利亚油气管网建设导致生境片断化

尼日利亚油气管网建设导致生境大规模破坏。尼日利亚作为非洲第一大石油生产国和第三大天然气生产国，油气产业是国民经济的支柱。2014 年，尼日利亚石油和天然气的出口收入接近 870 亿美元，占其外汇收入的 95%以上。尼日利亚石油开发最集中的地方——尼日尔河三角洲地区的红树林是世界上最濒危的生物栖息地之一。多年来，跨国石油公司在石油勘探、修建输油管道和道路等设施的过程中，大规模清除红树林，有 5%～10% 的红树林生态系统被严重破坏，这导致自然种群的栖息地面积减少，许多重要物种已消失❶。

4.3.3　化石能源开采与使用消耗大量水资源

全球用水量在过去的 100 年里增长了 6 倍，水资源的需求正在以每年 1% 的速度增长。到 21 世纪中叶，将有超过 20 亿人生活在水资源短缺的国家❷。长期缺水将引发旱灾和荒漠化，加速生态环境破坏，危及生物多样性。

淡水紧缺与化石能源利用密切相关。化石能源发电和核能发电在能源行业用水量中占比最大，2014 年发电设备冷却和运行相关的用水量占全球能源行业用水量的 86%（见图 4.8）。其中，全球燃煤电厂年耗水量达 190 亿立方米，相当于 10 亿人一年的用水量❸。此外，一次能源开发占全球能源行业用水量的 12%，包括石油、煤炭、天然气的开采、加工、运输及生物质灌溉等。例如，采用水力压裂法开采页岩气，单口水平井整个生产过程耗水量为 7500～2.7 万立方米❹。太阳能、风能、地热、生物质等可再生能源发电仅占能源行业用水量的 2%❺。

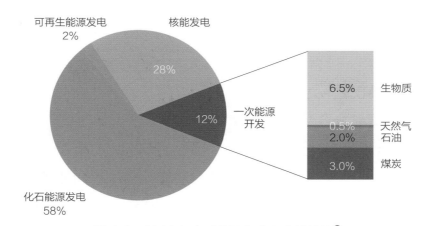

图 4.8　2014 年全球能源行业用水量结构❻

❶ 资料来源：朴英姬，跨国石油公司社会责任与尼日利亚的可持续发展，西亚非洲，2017。
❷ 资料来源：联合国水机制，世界水发展报告，2020。
❸ 资料来源：国际环保组织绿色和平，煤炭产业如何加剧全球水危机，2016。
❹ 资料来源：陆辉、卞晓冰，北美页岩气开发环境的挑战与应对，天然气工业，2017。
❺ 资料来源：联合国教科文组织，联合国世界水发展报告，2021。
❻ 资料来源：国际能源署，能源和水资源之间的关系，2016。

专栏 4-10 **全球煤炭产业加剧淡水危机**

2013 年，全球煤炭产业每年的淡水消耗量约为 227 亿立方米，而取水量约为 2810 亿立方米。开采硬煤和褐煤的耗水量约占煤炭产业总耗水量的 16%[1]。燃煤电厂的耗水量占比最大（见表 1），其耗水量为整个煤炭行业耗水量的 84%、取水量的 90%。煤电厂每年在全球消耗 190 亿立方米的水，若按每人每年用水需求为 18.3 立方米计算，全球 8359 个已运行煤电机组每年所消耗的水量竟超过 10 亿人的基本用水需求。如果加上用于开采硬煤和褐煤的用水量，这一数值将飙升至每年 227 亿立方米，足以满足 12 亿人一年最基本的用水需求[2]。

表 1　2013 年全球燃煤发电总淡水用量

分类	装机容量/煤炭产量	平均耗水量 （亿立方米/年）	平均取水量 （亿立方米/年）
燃煤电厂	1811.45 吉瓦	190.55	2552.02
硬煤生产	6357.43 百万吨	32.38	32.38
褐煤生产	2037.79 百万吨	4.07	229.12
总用水量	—	227.00	2813.52

4.4　过度消耗生物资源

4.4.1　生物质能源开发利用导致森林资源过度消耗

液体生物燃料需求激增进一步威胁森林资源。全球石油资源储量下降和价格上涨点燃了世界对液体生物燃料[3]的兴趣。很多国家和国际组织已经制定了发展液体生物燃料的目标和相关政策：欧盟规定到 2020 年，交通运输油耗的 10%来自液体生物燃料；美国规定到 2022 年，每年生产 360 亿加仑

---

[1] 资料来源：Biesheuvel, A.Greenpeace International, 2016.
[2] 资料来源：国际环保组织绿色和平，煤炭产业如何加剧全球水危机，2016。
[3] 液体生物燃料指用玉米、甘蔗、大豆等农作物生产的生物乙醇，或是用油菜籽、棕榈油生产的生物柴油。

的液体生物燃料；国际民用航空组织（ICAO）提议到 2050 年，全球一半的航空燃料使用液体生物燃料。世界对液体生物燃料需求的日益增长，将导致玉米、油棕等能源植物种植面积不断扩大，造成大量森林资源丧失。以含棕榈油的生物柴油为例，到 2030 年，全球棕榈油生物柴油的需求量将激增至 6700 万吨，比 2018 年高出 6 倍，将导致世界最大的棕榈油生产国印度尼西亚和马来西亚清除 4.5 万平方千米的雨林，这与荷兰的国土面积相当❶。

4.4.2 电力可及率低导致食物大量浪费

全球食物浪费消耗大量生物资源。2017 年，全球有 30% 的粮食被浪费，相当于平均每人每天浪费 10 颗鸡蛋❷。粮食浪费不仅造成了用于生产肉类、蔬菜、主食的动植物资源过度消耗，还造成了土地和淡水等自然资源的过度利用。2013年，全球有 1400 万平方千米的土地（超过加拿大加印度的国土面积）和 250 立方千米的淡水（大约是日内瓦湖水量的 3 倍）被用于生产不会被吃掉的食物❸。

缺电导致发展中国家粮食浪费问题严重。世界不同地区食品浪费情况如图 4.9

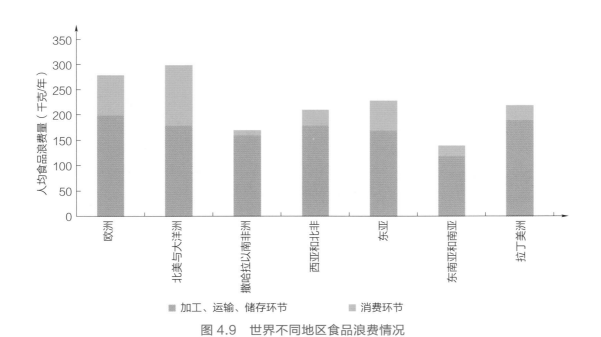

图 4.9 世界不同地区食品浪费情况

---

❶ 资料来源：挪威雨林基金会，森林砍伐：棕榈油需求上升的影响，2018。
❷ 资料来源：联合国粮农组织，减少全球粮食折损与浪费倡议，2017。
❸ 资料来源：联合国粮农组织，粮食浪费足迹，2013。

所示。在发达国家，超过 40% 的食物浪费发生在零售和消费阶段，这主要是由于食物供过于求和不良的消费习惯；在发展中国家，粮食浪费则大多发生在食品供应链的较早阶段，主要原因包括落后的加工和包装技术、不充足的冷藏和冷链物流设备等[1]。联合国粮农组织的研究表明，如果冰箱可以在发展中国家大量普及，全球大约有 25% 的食物浪费可以被避免[2]。众所周知，电能是食品加工、包装、储存和冷链运输等环节的必需品。非洲、拉丁美洲、东南亚等是全球缺电问题最为严重的地区，缺电是导致这些地区食物无法有效储存而造成浪费的重要原因。

4.5 增大生物入侵风险

全球化石能源运输总量大、距离远、覆盖广，增大人类无意造成的生物入侵风险。2019 年，全球石油贸易量达到 0.71 亿桶/日，其中 2/3 通过海上油轮运输，1/3 通过管道输送[3]。目前，全球石油海运网络已覆盖各大洲，主要通道是从中东、西非、南美为主的产油区到美国、欧洲及以中国为代表的亚太地区。2019 年，全球煤炭贸易量大约为 14 亿吨/年，海上煤炭贸易量占比在 90% 以上[4]，主要海运通道连接亚洲太平洋沿岸和欧美大西洋沿岸区域。此外，北美、欧洲大陆、苏联地区各国之间，煤炭的铁路运输线路广泛存在。在化石能源大量运输的过程中，一些生物可能被人类无意带到其他国家和地区，增大生物入侵风险。

专栏 4-11　　　　压舱水导致生物入侵

　　油轮和煤炭运输船等巨轮建有多个压载水舱，需要通过吸入和排出海水改变吃水深度、维持船身稳定。在此过程中，某一水域的生物，尤其是桁水母、虾蟹和软体动物的幼体，会随之被吸入压载水舱，又在另一地被排出，为生物入侵创造条件。

---

[1] 资料来源：联合国粮农组织，粮食折损与浪费，2011。
[2] 资料来源：联合国粮农组织，能源获取怎样影响食物浪费，2016。
[3],[4] 资料来源：全球能源互联网发展合作组织，三网融合，北京：中国电力出版社，2020。

　　目前，全球各类船舶每年使用超过 100 亿吨的压舱水，有超过 1 万种生物通过压舱水在世界各地"旅行"。一般来说，一艘船的压舱水可以达到货物载重的 30%～40%，也就是说一艘 30 万吨的油轮往往可以吸入 10 万吨的压舱水。化石能源海运产生巨量的压舱水，数不清的海洋生物将被"走私"到世间各地，增大了生物入侵风险。例如，斑贻贝随俄罗斯油轮到达美国沿海后，逐渐向淡水流域进发，在美国 19 个州的湖泊大量繁殖，严重降低了当地湖泊的溶解氧水平，极大威胁了其他本地物种的生存发展。

　　化石能源开发利用加剧气候变化，间接增大生物入侵风险。工业革命以来，人类大量燃烧和使用化石能源，排放大量温室气体，加剧了全球气候变化。近年来，气候危机加速袭来，引发更剧烈的飓风、更持久的干旱等异常天气灾害，提高了微生物随风远距离传播的可能性；气候变化还迫使物种加速迁徙，破坏原来的生态平衡，对本地物种构成威胁，显著增大生物入侵的风险。

4.6　化石能源为主体的能源发展方式严重威胁生物多样性

　　化石能源对生物多样性具有全局性的影响。能源是经济社会的血液，人类社会发展需要从生态系统中获取能源，并将消费后产生的副产品和废弃物排入生态系统。当今世界的能源生产与消费仍以化石能源为主，化石能源对气候变化、环境污染、栖息地被破坏、生物资源过度消耗、生物入侵等生物多样性危机的主要驱动因素都产生重要影响：① **加剧气候变化。**化石能源开发利用是二氧化碳、甲烷等温室气体排放的主要来源。特别是随着气候变化日益成为生物多样性危机的全局性驱动因素，化石能源也将对生物多样性构成更严重的全局性威胁。② **造成环境污染。**化石能源燃烧是全球三大空气污染物排放的主要来源。空气污染物通过大气循环和水循环，形成酸雨和雾霾，扩散到不同生境中，造成全球性或区域性污染问题。此外，煤炭、页岩气等化石能源开发产生大量废水，化石能源运输、转换和使用产生石油泄漏、高温热水，也是导致土壤、淡水、海洋污染的重要原因。③ **破坏生物栖息地。**化石能源开采造成地面塌陷、水土流失、生境片断化等问题，同时消耗了大量淡水资源，严重破坏了矿区周边的生物栖息地。④ **导致生物资源过度消耗**。在非洲、亚洲、中南美洲等欠发达地区，生物质能源过度开发利用和电力可及率低等问题引发森林滥砍滥伐和食物大量浪费，导致生物资源的过度消耗。⑤ **增大生物入侵风险**。化石能源海上运输产生的巨量压舱水，以及因化石能源开发利用加剧的气候变化，都显著增大了生物入侵风险。

化石能源为主的发展方式已难以为继。世界能源发展进入化石能源时代已200 多年，化石能源的持续大规模开发使用，导致资源紧张、气候变化、环境污染、栖息地破坏、生物资源过度消耗、生物入侵等诸多问题，对生物多样性构成严重威胁。目前看，过度依赖化石能源的生产消费方式是导致能源与环境不协调、不安全的根源，已经难以为继、不可持续。为建设生态文明和地球生命共同体，加快能源电力革命、大力发展绿色能源是根本出路、大势所趋。

5 以能源电力革命推动生物多样性保护

实现生物多样性愿景，需要统筹考虑大气、土地、森林、淡水、海洋等各个生态系统和能源、环境、经济、社会等相关领域，转变传统发展思路和模式，走可持续发展道路。能源是人类生存与发展的重要物质基础，当前以化石能源为主的能源体系在推动经济社会发展的同时，也对生态环境可持续发展带来严重影响。加快能源电力革命，彻底改变不合理的能源开发利用方式，对促进可持续发展、实现生物多样性目标具有重要作用。全球能源互联网是以清洁能源和电能供应为主，大范围配置能源资源的现代能源体系，为世界能源电力革命与可持续发展提供了系统解决方案，将推动全球清洁能源大规模开发利用和优化配置，为促进生物多样性、打造地球生命共同体开辟新道路、注入新动能。

5.1 实现生物多样性目标亟须加快能源电力革命

能源事关可持续发展全局，广泛联结包括生物多样性在内的所有可持续发展的目标和要素，直接影响人类生产生活的方方面面。当前，以化石能源大量开发利用为主的不合理发展方式在能源活动中占据主导地位，带来气候变化、环境污染、资源匮乏、贫困疾病等一系列突出问题，严重制约世界可持续发展，尤其是对气候环境治理和生态环境保护造成极大阻碍。为促进生物多样性保护、构建地球生命共同体，打造人与自然和谐相处的地球村，加快能源电力革命刻不容缓。

5.1.1 保护生物多样性对能源绿色低碳发展提出迫切需求

能源发展与生物多样性密切相关。科学合理的能源生产消费能够充分满足经济社会发展需求，并为促进气候环境保护和改善提供有力支撑，形成积极的正反馈效应。但当前全球能源发展总体以"高污染、高排放、高耗能"路线为主，煤炭、石油、天然气等化石能源约占全球一次能源消费比重的 80%，大规模开发、加工、转换、运输、使用产生大量废气、废水、废渣，燃烧利用排放了全球约 70%的温室气体和 85%以上的二氧化硫、氮氧化物、细颗粒物，导致温升加剧、大气污染、水土流失、植被破坏、资源匮乏等突出问题，给生物多样性带来严峻挑战。

实现生物多样性目标，加快能源电力革命迫在眉睫。从现实看，以化石能源资源过度开发为主要表现的不合理能源发展方式是导致气候变化、环境污染、栖息地破坏、资源过度消耗、生物入侵等问题的重要因素，如不尽快转变现有发展模式，将严重阻碍生物多样性保护，制约经济社会和生态环境可持续发展。为破解人类生存发展和生物多样性危机，必须抓住能源这个核心，加快推进能源电力革命，彻底改变基于化石能源的发展思路和路径，以绿色、低碳、可持续发展为方向，推动建立"无污染、零排放、高效率"的新型能源发展模式，从根源解决影响和制约生物多样性的能源发展方式不合理问题，实现能源电力与生态环境协调可持续发展。

5.1.2 能源电力转型方向

纵观历史发展长河，能源作为人类社会发展的重要驱动力，一直在遵循时代和自身发展规律，不断创新突破、演进变革。面对加快绿色低碳转型，推进可持续发展的新时代新任务，能源电力总体将向清洁化、高效化、广域化三大方向发展变革。

1 清洁化：能源结构日趋脱碳

随着人类社会发展需求的变化和科学技术的进步，全球能源总体呈现从高碳到低碳的发展趋势。从 19 世纪煤炭取代薪柴改变人类生产生活，到 20 世纪石油、天然气改变世界能源格局，再到当前以新能源大规模开发利用为代表的新一轮能源革命蓬勃兴起，主体能源品种的碳含量逐渐下降，对气候环境的影响逐步减小，能源系统总体向着更低碳、更高品质、可持续的方向不断升级。特别是进入 21 世纪以来，化石能源长期大量开发利用带来的资源紧缺、气候变化、环境污染等问题日益凸显，自然生态和生物多样性破坏形势严峻，世界各国面临保障能源需求、推进碳减排、保护生态环境等的多重压力，加快发展取之不尽、零碳排放、环境友好的清洁能源成为大势所趋。2014 年，全球新增能源消费 1.7 亿吨标准煤，其中新增清洁能源占比 53%，首次超过新增化石能源。目前全球太阳能发电和风电装机容量已超过 13.3 亿、7.3 亿千瓦，较 21 世纪初分别增长了 188 倍和 24 倍（见图 5.1），随着技术进步和成本下降，清洁能源的经济性和竞争力将更加明显，能源电力清洁化转型的速度将进一步加快。

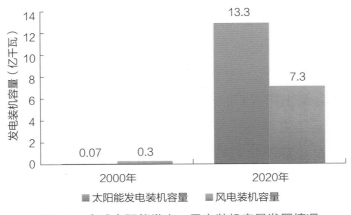

图 5.1　全球太阳能发电、风电装机容量发展情况

2　高效化：能源利用效率日益提升

　　能源开发利用效率逐步提高是技术创新的必然结果，也是推进生态文明建设，加快节能减排、提质增效的必然要求。历史上，蒸汽机、内燃机、燃气机、发电机、电动机，每一次技术革命都开创了能源发展新的时代，带来能源利用形式的重大变革和利用效率的大幅提升，极大改善了社会生产力。发展到今天，化石能源利用效率的提升空间已经很小，内燃机燃油效率稳定在 30% 左右，发电机燃煤效率最高在 60% 左右。随着清洁能源技术的快速发展和广泛应用，大规模开发清洁能源并转化为电能成为提高能源效率的新方向。电动机的效率超过 90%，清洁能源电力的终端利用效率远高于化石能源，再加上电能使用便捷，可实现与各种形式能源的相互转换，使得加快电气化发展、不断提升电能在终端能源消费中的比重，成为提高能源利用效率、增加全社会经济产出的重要途径，如图 5.2 所示。

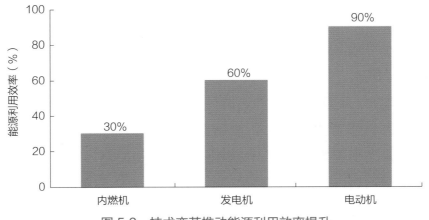

图 5.2　技术变革推动能源利用效率提升

3　**广域化：能源配置范围日渐扩大**

能源分布与经济发展不均衡是世界性问题。化石能源集中在少数国家和地区，大规模的风能、太阳能资源主要分布在远离用电中心的严寒、酷热地区。北极地区的风能、赤道地区的太阳能年技术可开发量分别超过 80 万亿、50 万亿千瓦时。世界能源供需的不均衡性和经济全球化大势，决定了能源配置由点对点供应向跨国、跨区域乃至全球配置发展演进，是满足能源安全性与经济性要求的客观趋势和必然结果。21 世纪以来，随着太阳能、风能等新能源的加快发展，能源配置向大范围、大规模、广域化方向发展的趋势更加明显。2000—2014 年，经济合作与发展组织国家用电量增长 10%，而跨国交易电量增长了 32%。将来，随着"一极一道"（北极、赤道）清洁能源的大规模开发，全球能源配置的范围和规模将越来越大。预计到 21 世纪后半叶，北极、赤道地区清洁能源向世界各大洲外送规模将达到 12 万亿千瓦时/年。

5.1.3　能源电力转型任务

面对保护生物多样性、促进生态环境可持续发展的迫切需要，尽管能源转型的方向已经明确，但受长期以来形成的发展惯性和路径依赖影响，目前化石能源仍然在世界能源体系占据主导。改变当前能源发展格局，加快能源电力变革转型亟须推进三大任务。

1　**加快提升清洁发展规模和速度**

能源的清洁发展与减少温室气体和污染物排放、保护和恢复生态环境等直接相关。面对日益严峻的气候变化形势和日益迫切的可持续发展需要，加快推进清洁能源开发，大幅提升清洁化发展的规模和速度尤为紧迫。从规模看，目前全球清洁可再生能源占一次能源消费的比重仅为 20% 左右，发电装机规模约 28 亿千瓦，占全球总装机容量的 35% 左右，如图 5.3 所示。从速度看，尽管 2000—2020 年，全球太阳能发电、风电、水电装机总量增长了近三倍，年均增速超过 6%，新增可再生能源发电装机容量占新增总装机容量的比重达到 60% 以上，但距离实现《巴黎协定》2℃乃至 1.5℃温控目标仍有较大差距。国际可再生能源署研究表明，为有效应对气候变化，未来 30 年，全球清洁能源发电和可再生能源直接利用占终端能源消费比重的年增长率要从当前发情景的预测值 0.25% 提高到 1.5% 以上，增长 5 倍，年投资需达到 8000 亿～1 万亿美元。而过去 10 年全球可再生能源投资仅 3 万亿美元，全球能源消费增量全部由清洁能源满足的目标尚未实现，能源清洁化发展任重道远，亟须加快推进。

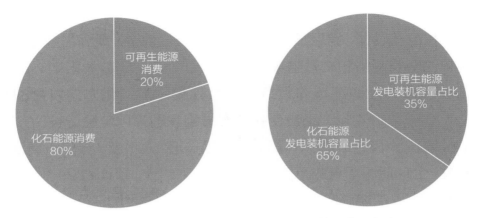

图 5.3　目前全球可再生能源消费及发电装机容量占比

2　加快推进电气化发展

电能是清洁、经济、高效的二次能源。 所有的一次能源都可以转化为电能，绝大部分的能源消费需求都可以由电能满足。加快电气化发展是推进能源转型、保护生态环境的重点举措。研究显示，电能比重每提高 1 个百分点，单位 GDP 能耗可下降 3.7%，按目前的世界各国总的消费量计算，相当于减少全球用能 7.2 亿吨标准煤、减排二氧化碳 18 亿吨，充分反映出电气化对节约资源、提高能效、保护生态的重要作用。过去 50 年，电能在终端能源中的比重呈持续提升趋势，从 1971 年的 9% 提高到目前的 20% 左右，先后超过煤炭、热力和天然气，如图 5.4 所示。越来越多的国家和地区将加快电气化发展列入能源转型战略，如欧盟在《2050 能源路线图》中计划到 2050 年将总能源需求在 2005 年基础上降低 40%，而电力需求较 2010 年提高 50%～80%；中国在《能源生产和消费革命战略 2016—2030》中提出要大幅提高电气化水平。但目前除少数发达国家之外，全球总体电气化水平仍然不高，煤炭、石油、天然气等化石能源在终端消费中仍被大量使用。为推动能源与生态环境协调可持续发展，促进生物多样性保护，亟须加速能源电气化发展进程。

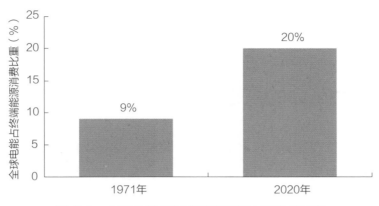

图 5.4　全球电能占终端能源消费比重变化情况

3　加快提高互联互通水平

加强全球互联互通是大势所趋。世界各国不是自我封闭、与世隔绝的孤岛，而是休戚与共的命运共同体，想要实现能源、环境、经济、社会等各个领域的协调可持续发展，必须加强合作与互助，充分利用全球能源资源。加快能源互联互通是实现各国能源可持续发展的重要途径，也是国际合作的重点领域。目前，全球约 20% 的煤炭、75% 的石油、32% 的天然气跨国跨洲配置，北美、欧洲等区域性互联电网已经形成，每天输送的电能达数亿千瓦时，让能源突破时间和空间约束，广泛造福世界各国。随着清洁能源的大规模开发和保护自然资源、生态环境、珍稀物种等需求日益迫切，清洁高效的电力系统将成为适应可持续发展需要的全球能源配置主要载体，电力贸易将成为世界能源贸易的主要形式，亟须建立一个广泛互联的电力网络。目前，全球电力系统的互联互通程度还远远不够，跨国、跨区域电网互联严重滞后，有些国家连覆盖全国的电网骨干网架都未形成，极大制约清洁能源规模化开发和高效利用，对气候环境治理和自然生态保护带来不利影响。为此，必须加快推进能源互联，提高能源大范围优化配置能力，促进清洁电能的全球化流通。

总体看，加快清洁化、高效化、广域化发展，实现绿色低碳转型是能源电力革命的根本方向和重要任务。当前不合理的能源发展方式已经造成经济社会对化石能源形成强大的路径依赖和"锁定效应"，导致高碳的能源结构长期难以改变。加快能源电力革命，仅仅依靠局部化、碎片化、单一化的解决方案难以实现，必须创新理念、开辟新路，以大格局和大思路制定全球性、跨领域、集大成的系统方案，引领能源电力变革转型。

5.2 能源电力革命的核心是建设全球能源互联网

为实现可持续发展愿景，以太阳能、风能、水能为代表的清洁能源将逐步取代化石能源成为主导。清洁能源资源丰富，且在时间和空间分布上存在天然不均衡性、随机性、波动性，必须转化为电能，依托互联电网大范围配置，才能实现高效开发利用。因此，未来的能源发展方向一定是构建电为中心、绿色低碳的能源体系。全球能源互联网是以可持续发展理念为引领，以大型互联电网为平台搭建起的清洁低碳、安全高效现代能源网络，为世界各国加快能源电力革命，协同推进气候治理、生态环境保护、经济社会发展提供了系统全面的解决方案，将为促进生物多样性，构建地球生命共同体，实现人与自然和谐共生发挥巨大作用和价值。

5.2.1 全球能源互联网理念内涵

1 基本内涵

全球能源互联网是清洁能源在全球范围大规模开发、大范围配置、高效化使用的重要平台，是清洁能源为主导、电能消费为中心、广泛互联互通的现代能源体系，实质是"智能电网+特高压电网+清洁能源"，三者共同构成全球能源互联网的总体架构，如图5.5所示。

图 5.5　全球能源互联网总体架构示意图

智能电网是基础。全球能源互联网是能源系统的高级形态，拥有更多种类的用电设备，接入比例更高的清洁能源，覆盖范围更广的互联电网，这对系统运行安全性、灵活性及供电质量提出了更高要求，需要智能电网作为坚强保障。智能电网是集成传统电力技术、高级传感和控制技术、信息与通信技术、高效用能技术的输配电系统，具有更加先进完善的性能，能够适应各类集中式、分布式清洁能源并网和消纳，满足各类用电设备接入和多元化互动服务等需求，促进源、网、荷、储协同优化、多能互补、智能互动，保障电力系统灵活高效运行，实现能源互联网安全、可靠、经济、高效运行，如图 5.6 所示。

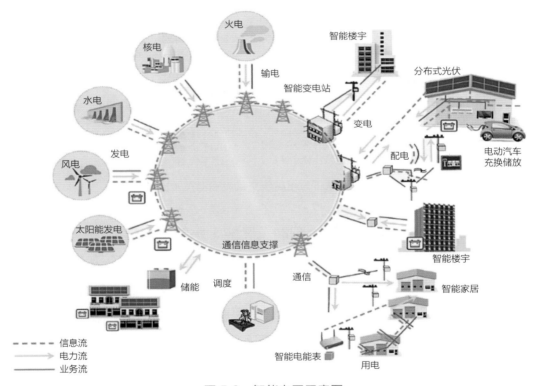

图 5.6　智能电网示意图

特高压电网是关键。实现全球清洁能源的大规模开发利用和高效优化配置，将能源就地转化为电能，依托大电网进行传输是根本途径。特高压电网是由 1000 千伏交流和 ±800 千伏、±1100 千伏直流系统构成的，与超高压输电相比，具有输电距离远、容量大、效率高、损耗低、占地省、安全性好等显著优势，如图 5.7 所示。特高压交流具有输电和联网双重功能，直流主要用于"点对点"大规模送电，两者各有特点、功能不同、相辅相成、不可偏废，需要协调发展。特高压电网构成全球能源互联网的骨干网架，将打造覆盖全球清洁能源基地和用电中心的"电力高速公路网络"，充分发挥电网的配置平台作用，实现数千千米、千万千瓦级电力输送，在促进清洁能源发展，加快世界能源转型中发挥关键作用。

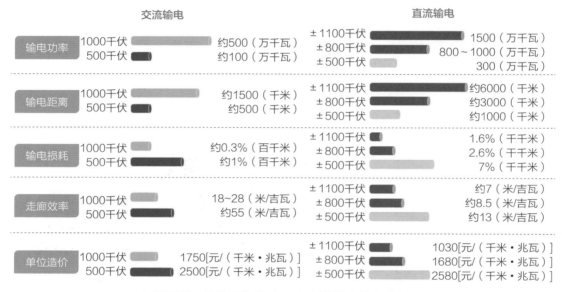

图 5.7　特高压与超高压交直流输电技术比较

清洁能源是根本。大力发展太阳能、风能、水能、海洋能、生物质能等清洁能源，让其成为人类生产生活中的主导能源，是能源转型的最终目标，也是构建全球能源互联网，实现绿色低碳可持续发展的根本保证。相比化石能源资源的有限性，全球清洁能源资源非常丰富。根据全球能源互联网发展合作组织测算，全球太阳能、风能、水能的理论蕴藏量约 15 亿亿千瓦时/年，对应的发电装机规模超过 130 万亿千瓦。全球清洁能源分布及储量如图 5.8 所示。按照目前全球能源需求增速和人均能源消费水平，仅开发全球约万分之五的清洁能源就可以满足全人类未来能源需求。加快清洁能源发展，科学合理的开发方式至关重要。全球能源互联网将因地制宜推动清洁能源发展，加快各类集中式和分布式清洁能源大规模开发利用和大范围配置，为世界可持续发展提供源源不断的绿色动能。

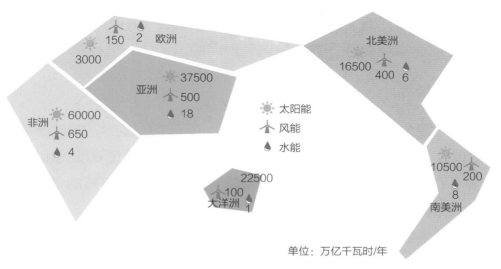

图 5.8　全球清洁能源分布及储量

2　核心特征

全球能源互联网是具有革命性、引领性的全新能源生产、消费、配置平台，清洁低碳、网架坚强、广泛互联、高度智能、开放互动是其五大核心特征，如图 5.9 所示。

图 5.9　全球能源互联网五大核心特征

（1）清洁低碳

清洁低碳是全球能源互联网的核心要义。可持续发展的核心是清洁发展，关键要加快能源电力革命。全球能源互联网作为推进能源转型的重要载体，将清洁低碳的发展理念贯穿能源生产、配置、消费全环节，通过大规模开发各类集中式和分布式清洁能源，就地转化为电能汇入大电网，送往世界各地、直达千家万户，实现能源开发、输送、使用的清洁化、低碳化、高效化。

（2）网架坚强

网架坚强是全球能源互联网的根本前提。实现能源的大规模输送和大范围互联，建设以坚强电网网架为主体的全球资源配置平台是重要前提和根本保障。全球能源互联网以科学规划为基础，打造结构合理、安全可靠的骨干网架，适应风电、太阳能发电、分布式电源的大规模接入和灵活消纳，具有强大的资源配置能力和极高的安全运行水平。

（3）广泛互联

广泛互联是全球能源互联网的基本形态。全球能源资源及相关公共服务资源的广域化配置需要依托广泛互联的能源网络。全球能源互联网统筹推动洲际骨干网架、洲内跨国互联网架、各国电网网架、地区电网、配电网、微电网等协调发展、紧密衔接，构成广泛覆盖的电力资源配置体系，实现全球清洁能源的自由贸易和流通。

（4）高度智能

高度智能是全球能源互联网的关键要素。实现各类电源和负荷灵活接入、确保能源传输安全，需要充分发挥信息网络的智力保障作用。全球能源互联网通过广泛使用大数据、物联网、云计算、移动通信、人工智能、区块链、虚拟现实等先进技术，以信息实时交互支撑整个网络中各种要素的自由流动，实现发电、输电、变电、配电、用电和调度等六大环节高度智能化、自动化运行，自动预判、识别大多数故障和风险，让能源在全球范围安全高效配置，推动人类社会发展进入更便捷、更智慧的新时代。

（5）开放互动

开放互动是全球能源互联网的重要属性。全球能源互联网是一个能源共同体，它的建设、运营和使用涉及各个国家、各个行业，各方以开放包容、公平正义、团结协作的精神共同推进清洁能源开发、广域电网互联和资源优化配置，实现共建共享、互利共赢。全球能源互联网也是一个开放的能源网络，通过构建开放统一、竞争有序的组织运转体系，促进能源在用户、供应商之间双向流动，信息在用户与各类用电设备间广泛交互，实现资源配置最优化、价值最大化。

5.2.2　全球能源互联网推动能源电力革命

构建全球能源互联网是一场全方位、深层次的能源电力革命，涵盖能源生产、配置、消费各环节和各领域，将通过全面提升清洁转型和电气化发展的质量、速度和规模，彻底改变现有能源电力体系和发展格局，带来能源生产力和生产关系的根本性变革，为应对气候变化、改善生态环境、促进物种多样性发挥重要作用。

1　全球能源互联网推进能源电力革命实施路径

全球能源互联网牢牢把握能源电力转型方向，以加快**"两个替代、一个提高、一个回归、一个转化"**为主线（见图 5.10），全面推进能源清洁转型，构建绿色低碳、安全高效的能源电力体系，彻底摆脱经济社会发展对化石能源的严重依赖，从源头消除二氧化碳和各类污染物排放，大幅降低能源开发利用对生态环境的影响，有力促进生态文明建设，实现人与自然和谐共生。

图 5.10　两个替代、一个提高、一个回归、一个转化

（1）两个替代

两个替代，即清洁替代和电能替代，是指在能源生产侧实施清洁替代，以太阳能、风能、水能等清洁能源替代化石能源；在能源消费侧实施电能替代，以使用电能替代使用煤炭、石油、天然气、薪柴，且电能来自清洁能源发电。推动清洁能源大规模开发和电能广泛使用，将在能源生产侧和消费侧协同发力，极大减少化石能源开发利用带来的温室气体排放、生态环境污染、森林植被破坏等问题，加快形成清洁能源为基础的产业体系，实现经济社会环境协调可持续发展。

（2）一个提高

一个提高，是指提高全社会电气化水平，促进节约用能，降低能源强度。电能是优质、高效、便捷的能源，终端利用效率高，产生的经济价值相当于等当量煤炭的 17.3 倍、石油的 3.2 倍，电能占终端能源比重每提高 1 个百分点，单位 GDP 能耗下降 3.7%，提高能源利用效率最有效的途径就是大力推进电气化。随着电气化进程的加速，能效水平将大幅提升，单位 GDP 能耗明显降低，有力促进经济高质量发展。

（3）一个回归

一个回归，是指化石能源回归其基本属性，主要作为工业原材料而不是燃料使用，为经济社会发展创造更大价值。研究表明，石油作为原材料使用，创造的经济价值是用作燃料的 1.6 倍。化石能源的回归进程与清洁能源发展的规模和速度直接相关，按照经济价值规律，以更加科学的方式集约、循环、高效利用化石能源，将形成与生态环境更为友好、更加和谐的经济发展模式，实现资源价值最大化，有效应对资源枯竭挑战。

（4）一个转化

一个转化，是指利用清洁能源发电将水、二氧化碳等物质转化为氢气、甲烷、甲醇等燃料和原材料，从更深层次、更广维度破解生产资源匮乏约束，开拓经济增长空间，满足人类永续发展需求。近年来电制氢、电制氨等电化学技术的创新发展与实践应用充分证明，未来电能将通过更多方式实现各类有机物合成和原材料生产，进一步实现清洁能源电力对传统化石能源在终端利用领域的深度替代。

2 全球能源互联网推动实现"三大变革"

构建全球能源互联网，推进"两个替代、一个提高、一个回归、一个转化"，将加速能源电力革命，根本改变现有能源发展模式和格局，建立新型能源生产、配置和消费体系，实现能源电力领域的"三大变革"。

（1）实现能源生产由化石能源主导向清洁主导转变

以清洁发展理念为引领，以大型互联电网为平台，推动全球清洁能源大规模开发、配置和使用，加快化石能源退出和零碳能源供应，彻底打破基于化石能源的发展思路和路径依赖，建立清洁能源为主的新型能源体系，实现能源电力发展与碳脱钩、经济社会发展与碳排放脱钩。在实际建设中，在资源品质佳、站址条件好、生态影响小的地区，规模化开发集中式太阳能电站、风电场、水电站，在用电中心和偏远地区因地制宜开发分布式太阳能发电、风电和小型水电，利用资源品质优势形成规模效应，最大程度降低开发成本，提高项目收益，加快全球清洁能源发展。在全球能源互联网情景下，到 2050 年，全球太阳能发电、风电、水电总装机容量将达到329 亿千瓦，是 2016 年的 16.5 倍。全球清洁能源消费占一次能源消费的比重达到 75%，清洁能源发电量达 79 万亿千瓦时，占总发电量的比重提升到 95%。通过全球能源互联网的优化配置和灵活调度，普照的阳光、奔腾的河流、吹过的大风、深藏的地热等各类自然界能源都将以对环境友好的方式得到充分开发和有效利用，人类社会将彻底摆脱化石能源资源约束，以清洁和绿色方式满足能源电力需求，有效保护自然生态和物种多样性，实现能源与环境协调可持续发展。

（2）实现能源配置由局域平衡向全球互联转变

改变能源局部消纳、电力就地平衡的传统发展格局，依托特高压电网实现全球电力互联和能源广域配置，解决清洁能源资源与负荷分布不均衡问题，发挥大电网"时空储能"的关键作用，统筹全球时区差、季节差、资源差、电价差，加快清洁能源规模化开发和高效化利用，促进世界清洁发展和能源转型。

跨时空互补、多能源互济是依托全球能源互联网实现清洁能源广域配置带来的最显著优势。从南北半球看,由于存在季节差异,气候条件相差大、资源特性和季节性负荷互补性强,通过跨国跨洲电网互联,将实现不同区域不同种类能源的有效互补,减少清洁能源出力波动,提高能源整体利用效率,促进清洁发展全面提速。从东西半球看,由于存在时间差异,各个国家和地区的用电高峰和负荷分布不同,通过跨国跨洲电网互联,将实现跨时区的用能峰谷调节和全球清洁能源的大范围优化配置,提升各大洲国家发电设备利用率,降低系统备用容量,为清洁能源提供更广阔的消纳市场,加速清洁能源规模化、高效化发展,推动人类社会走上可持续生产与消费的资源开发利用新道路。在全球能源互联网情景下,到 2050 年,全球跨区、跨洲电力流达 6.6 亿千瓦以上,全球能源互联网骨干网架总长度超过 18 万千米,覆盖 100 多个国家、全球 80%以上的人口和 90%以上的经济总量,成为真正意义上的全球能源"大动脉"。

(3)实现能源消费由煤、油、气为主向电为中心转变

在工业、商业、交通、居民等领域广泛使用清洁电能,大幅减少煤炭、石油、天然气在终端消费中的使用比重,并依托智能电网满足各类用电设备灵活接入和为用户提供多元化服务等需求,实现源、网、荷、储智能互动和高效协同,保障能源互联网安全经济运行。加快全社会电能替代,形成电能为主的消费格局,是全球能源互联网促进能源消费革命的最大贡献和效益。通过以电代煤,大幅减少煤炭在消费终端直接燃烧使用,显著降低碳排放和环境污染;通过以电代油,减少交通运输、工业制造、农业生产等领域燃油使用,促进节能减排,降低对石油依赖;通过以电代气,在商业、工业、居民生活领域推广热泵、电锅炉、电炊事等高效化、无污染、低成本用能新模式,减少终端天然气消费带来的污染高、排放高、用能成本高等问题;通过以电代柴,让广大发展中国家,尤其是农村地区享有现代化电力服务,根本解决全球近 30 亿人用不起电,只能依靠木柴和初级生物质能做饭、取暖、照明的突出问题,减少低效用能造成的大气污染和环境破坏,促进生态和物种保护。在全球能源互联网情景下,到 2050 年全球电能占终端能源消费的比重达到 63%,以电为中心的能源消费格局全面形成。

5.2.3 全球能源互联网发展路线图

推进全球能源互联网落地实施需要全面系统的路线图为指引。基于绿色、低碳、可持续发展理念,统筹考虑能源、电力、气候、环境、经济等主要发展因素,全球能源互联网发展合作组织对世界各国经济社会、资源禀赋、能源供需等进行深入研究,提出全球能源生产、能源消费、能源互联发展路线图。

1 能源生产

2000—2018 年,全球能源生产总量从 143 亿吨标准煤增加到 204 亿吨标准煤,年均增长达到 2%,化石能源占比保持在 80% 以上。全球电力装机总量持续增长,从 2000 年的 35 亿千瓦增长至 2020 年的 70 亿千瓦左右,翻了一番;截至 2020 年年底,清洁能源发电装机容量占总装机容量达到 40% 左右,其中 2020 年全年,风电和太阳能发电装机容量占全球新增装机容量比重超过 80%。可以看到,能源生产向清洁能源为主转变的发展趋势已经十分明显。立足当前全球能源生产现状及趋势,结合应对气候变化、保护生态环境、推动经济社会发展等需求,以促进实现 1.5℃ 全球温升控制目标为出发点,提出基于全球能源互联网的全球能源生产发展路线图。全球一次能源消费发展如图 5.11 所示。全球电源装机结构发展如图 5.12 所示。

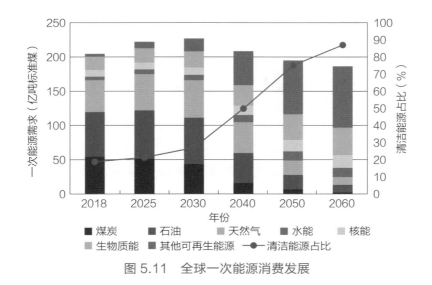

图 5.11 全球一次能源消费发展

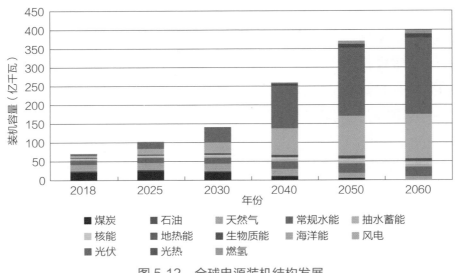

图 5.12　全球电源装机结构发展

图例：
- ■ 煤炭　■ 石油　▦ 天然气　■ 常规水能　▦ 抽水蓄能
- ▨ 核能　■ 地热能　■ 生物质能　▦ 海洋能　▦ 风电
- ■ 光伏　■ 光热　▦ 燃氢

加速清洁替代阶段： 到 2035 年，按照热当量法计算，全球一次能源消费需求将达到 219 亿吨标准煤（发电煤耗法计算约为 265 亿吨标准煤），化石能源消费总量在 2025 年左右达峰后开始下降，清洁能源消费总量快速上升，占比达到约 37%（发电煤耗法计算约为 48%）。全球电力装机规模达到约 195 亿千瓦，清洁能源装机容量达 158 亿千瓦，占比 81%，其中太阳能发电、风电、水电占比分别为 38%、26%、10%。

全面清洁主导阶段： 到 2050 年，按照热当量法计算，全球一次能源消费需求将达到 194 亿吨标准煤（发电煤耗法计算约为 285 亿吨标准煤），清洁能源占一次能源消费比重达到 75%（发电煤耗法计算约为 83%），相比 2020 年提高 3 倍。全球电力装机规模达到约 370 亿千瓦，清洁能源装机容量达 352 亿千瓦，占比 95%，其中太阳能发电、风电、水电占比分别为 52%、28%、8%。

2　能源消费

　　2000—2018 年，全球终端能源消费总量从 101 亿吨标准煤增加到 142 亿吨标准煤，年均增长达到 1.9%，化石能源消费比重由 68% 降至 65% 左右，电能占终端能源消费比重达到约 20%，相比 1970 年提高 10 个百分点以上。全球能源消费发展如图 5.13 所示。全球电能需求在终端能源消费中的占比预测如图 5.14 所示。可以预见，随着全球电气化水平的持续提升，电能在终端能源消费的比重将会逐步升高，最终成为能源消费的主要形式。立足当前全球能源消费现状，结合能源电气化发展趋势，综合考虑产业结构调整、节能减排、技术进步等因素，提出基于全球能源互联网的全球能源消费发展展望。

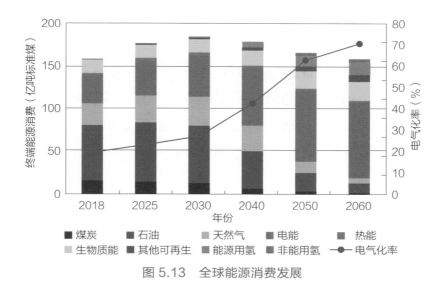

图 5.13　全球能源消费发展

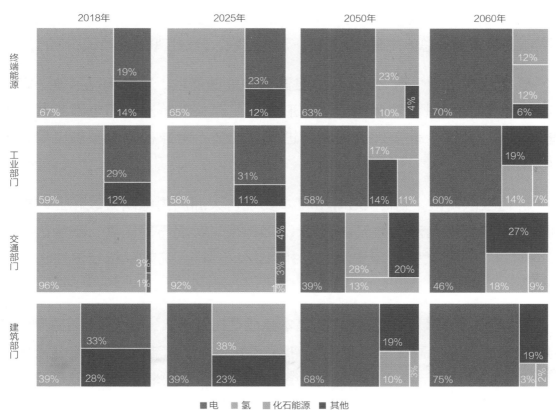

图 5.14　全球电能需求在终端能源消费中的占比预测

5.2　能源电力革命的核心是建设全球能源互联网

加速电能替代阶段：预计到 2035 年，全球终端能源消费总量将达到 165 亿吨标准煤的峰值，随后逐年下降，煤炭、石油、天然气消费分别在 2021、2025、2035 年左右达峰或进入平台期，终端化石能源消费占比约为 55%。全球电力需求总量达到 50 万亿千瓦时，2018—2035 年年均增速 3.9%，电能（含制氢用电）占终端能源消费比重达 33%。

全面电能主导阶段：预计到 2050 年，全球终端能源消费总量将下降至 149 亿吨标准煤，化石能源占终端能源消费比重降至 15%。全球电力需求持续攀升，总量超过 83 万亿千瓦时，2036—2050 年年均增速 3.4%，电能（含制氢用电）占终端能源消费比重达 63%。

3 能源配置

互联互通是能源大范围优化配置的重要形式，是连接能源生产和消费的桥梁。当前，各国国内、跨国、跨洲能源互联发展总体滞后，无法满足全球清洁能源大规模开发外送需要。立足当前全球能源互联现状，结合能源广域化发展趋势，统筹考虑各大洲资源禀赋、需求分布、能源开发、经济社会发展等因素，提出全球能源互联展望，总体按照国内互联、洲内互联、全球互联三个阶段有序推进。

国内互联阶段：到 2025 年，各国清洁能源基地、国内电网互联、智能电网建设加快推进，总体格局基本形成；亚洲、南美洲跨国电网互联实现重大突破，欧洲、北美洲洲内联网进一步加强，全球各国能源供应保障水平大幅提高。

洲内互联阶段：到 2035 年，基本实现各大洲洲内电网互联和亚欧非跨洲联网。跨区、跨洲电力流达到 3.3 亿千瓦。实现不同国家、不同区域、不同时段、不同类型能源资源的互补互济，能源系统效率和经济性进一步提升。

全球互联阶段：到 2050 年，基本建成"九横九纵"全球能源互联网骨干网架，形成以超/特高压智能电网为支撑，连接各大洲清洁能源基地和主要电力消费中心的全球清洁能源优化配置网络，承载跨区、跨洲电力流达 6.6 亿千瓦以上，实现世界各国之间能源互联与共享，有力促进人人享有可持续能源和经济社会环境可持续发展。

"九横九纵"全球能源互联网骨干网架通道（见图 5.15）依次是：

第一横：北极能源互联通道，从北欧挪威，经俄罗斯，跨越白令海峡连接美国，横跨 19 个时区，实现北半球 80%电力系统互联，长度 1.2 万千米。

第二横：亚欧北横通道，连接中国、中亚哈萨克斯坦、欧洲德国和法国等国，将中亚清洁能源通过特高压分别输送至欧洲和中国，长度 1 万千米。

第三横：亚欧南横通道，连接东南亚、南亚、西亚和欧洲南部，实现西亚的太阳能向欧洲和南亚负荷中心送电、东南亚和中国水电向南亚输送，长度 9000 千米。

第四横：亚非北横通道，连接南亚、西亚太阳能基地及北部非洲，实现西亚太阳能送电北非，长度 9500 千米。

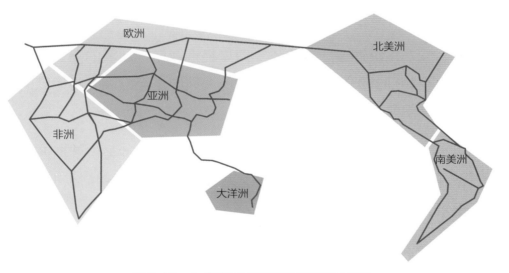

图 5.15 全球能源互联网骨干网架示意图

第五横：亚非南横通道，连接刚果河、尼罗河水电基地和西亚太阳能基地，实现非洲水电和西亚太阳能互补互济，长度 6000 千米。

第六横：北美北横通道，连接加拿大东西部电网，提高东西部电力交换能力，承接北极风电，向加拿大东部负荷中心送电，长度 4500 千米。

第七横：北美南横通道，汇集美国西部太阳能、中部风电及密西西比河水电，送至东部纽约、华盛顿和西部负荷中心，长度 5000 千米。

第八横：南美北横通道，连接南美北部巴西、哥伦比亚、委内瑞拉等国家，增强区域电力交换能力，长度 3500 千米。

第九横：南美南横通道，汇集亚马孙河流域水电和智利太阳能，向巴西东南部负荷中心送电，长度 3000 千米。

第一纵：欧非西纵通道，由冰岛经英国、法国、西班牙、摩洛哥、西部非洲至南部非洲，向北通过格陵兰岛与西半球互联，将格陵兰岛、北海风电送至欧洲大陆，将刚果河水电送至北部、南部非洲，长度 1.5 万千米。

第二纵：欧非中纵通道，连接北极风电、北欧水电基地和北部非洲太阳能基地，经德国、法国、奥地利、意大利等国家纵贯欧洲大陆，长度 4500 千米。

第三纵：欧非东纵通道，由巴伦支海岸经俄罗斯、波罗的海、乌克兰、埃及、东部非洲至南部非洲。将北极、波罗的海风电送至欧洲，将尼罗河水电送至北部非洲、南部非洲，长度 1.4 万千米。

第四纵：亚洲西纵通道，连接中亚、西亚太阳能基地与俄罗斯西伯利亚水电基地，依托中亚同步电网实现多能源汇集，向北延伸至喀拉海风电基地，长度 5500 千米。

第五纵：亚洲中纵通道，连接俄罗斯水电基地、中国西北风电和太阳能基地及西南水电基地，通过特高压直流向南亚负荷中心送电，长度 6500 千米。

第六纵：亚洲东纵通道，联通俄罗斯、中国、东北亚、东南亚，将俄罗斯远东、中国及东南亚等清洁电力输送至负荷中心，长度 1.9 万千米。

第七纵：美洲西纵通道，承接北极风电，围绕加拿大、美国西海岸、墨西哥构建特高压交流同步电网，并通过特高压直流经中美洲与南美北部电网互联，长度 1.5 万千米。

第八纵：美洲中纵通道，北起加拿大曼尼托巴，经美国中部至德克萨斯州，向南延伸至墨西哥城，实现南北多能互补，长度 4000 千米。

第九纵：美洲东纵通道，由加拿大魁北克、美国东海岸延伸至佛罗里达，承接北部加拿大水电和美国西部太阳能、中部风电，实现清洁能源大范围配置，长度 1.6 万千米。

5.3 构建全球能源互联网是促进生物多样性保护的系统解决方案

气候变化、环境污染、栖息地破坏、生物资源过度消耗、生物入侵严重威胁生物多样性，这些威胁因素都与不合理的能源发展方式密切相关。构建全球能源互联网，实施"两个替代、一个提高、一个回归、一个转化"，将全面加速能源清洁化、电气化变革转型，实现能源体系从化石能源为主向清洁能源为主的根本转变，大幅减少不合理能源发展方式给自然环境和生态系统造成的影响，建立能源与环境协调可持续发展的新模式，为改善全球生态环境带来 5 大方面、16 个维度的综合效益：① 控制全球温升；② 缓解海洋酸化；③ 减少冰川融化；④ 减少极端灾害；⑤ 治理空气污染；⑥ 减少淡水污染；⑦ 降低固体废弃物污染；⑧ 减少海洋生态破坏；⑨ 减少森林破坏；⑩ 减少生境丧失；⑪ 推动以电代柴；⑫ 推动食物保鲜设备普及应用；⑬ 推动电制燃料和原材料普及应用；⑭ 推动荒漠土地治理；⑮ 推动海洋生态修复；⑯ 减少生物入侵。这 16 个效益将有力促进全球应对气候变化、治理环境污染、减少栖息地破坏、促进生物资源可持续利用、助力生态修复，针对性减小和消除威胁生物多样性的 5 大因素影响，为促进生物多样性保护发挥关键性作用，如图 5.16 所示。

本节将通过数据和事实，从上述 16 个维度阐述全球能源互联网对改善全球生态环境的作用和贡献，分析全球能源互联网对促进生物多样性保护的意义价值。

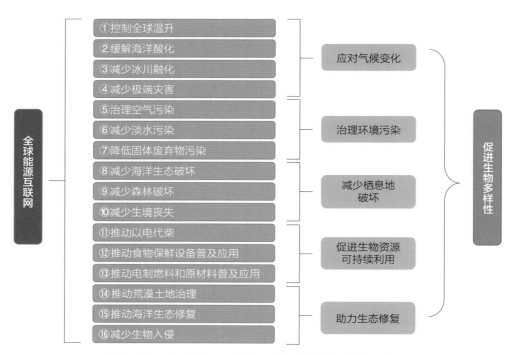

图 5.16　全球能源互联网与生物多样性保护关联模型

5.3.1　根本解决气候变化问题

气候变化是全球共同面临的重大挑战。近年来，全球气温不断升高，导致极端灾害频发，海洋酸化和冰川消融不断加剧，严重威胁生物多样性。构建全球能源互联网，打造覆盖全球、光速传输、清洁低碳、智能高效的绿色能源系统，为破解气候变化和生物多样性危机提供了重要解决方案。

1　有效应对气候变化

全球能源互联网通过实施大规模清洁替代和电能替代，加强全球电网互联互通，推动能源系统加速脱碳，遏制全球气候变化，从而有效缓解气候变化引起的生物多样性问题。通过详细建模计算，全球能源互联网为实现《巴黎协定》1.5℃温控目标提供了速度快、成本低、综合价值大的解决方案。

减排速度方面，能源碳排放 2025 年前后达峰、2050 年左右净零排放，2020—2100 年累积碳排放约 3800 亿吨，可以实现 1.5℃温控目标。2020—2050 年，全球能源互联网情景比现有模式延续情景累积减排量超过

9700 亿吨。其中，清洁替代累计减排贡献约 50%；电能替代累计减排贡献约 30%；能效提升累计减排贡献约 10%。全球能源互联网减排路径如图 5.17 所示。

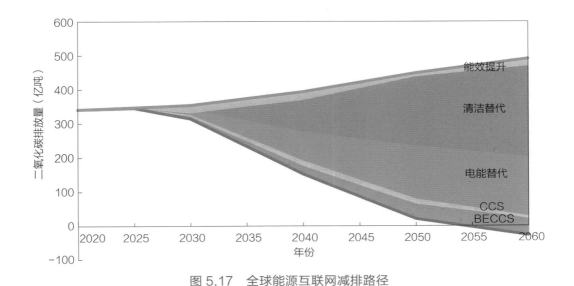

图 5.17 全球能源互联网减排路径

减排经济性方面，全球能源互联网以最经济的方式推动能源转型，能够减少能源投资，大幅降低减排成本。预计 2016—2050 年能源系统累计投资约 97 万亿美元，占 GDP 比重不超过 2%，与其他减排方案相比投资少、成本低，如图 5.18 所示。

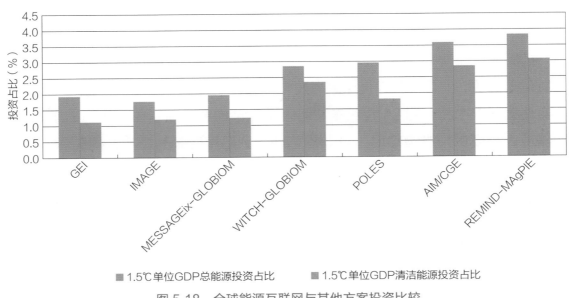

■ 1.5℃单位GDP总能源投资占比　　■ 1.5℃单位GDP清洁能源投资占比

图 5.18 全球能源互联网与其他方案投资比较

　　减排效益方面，构建全球能源互联网，每 1 美元能源系统投资将带来 9 美元社会福祉。到 2050 年，累计减少气候损失超过 20 万亿美元；到 21 世纪末，每年能够避免相当于全球国内生产总值 3% 的潜在气候损失，如图 5.19 所示。

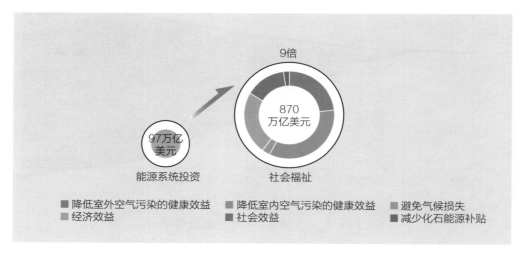

图 5.19　全球能源互联网减排效益

2　有效缓解因气候变化导致的生物多样性问题

　　构建全球能源互联网，减少温室气体排放，解决气候变化问题，从而有效减少因全球温度上升、海洋酸化、冰川融化和极端灾害对生物多样性的影响。

　　控制全球温升。全球能源互联网以最高效的方式减少化石能源使用和相关二氧化碳排放，到 2050 年全球火力发电量 4 万亿千瓦时，占比降至 4.8%，基本实现全球碳中和，到 21 世纪末，可将全球平均温升控制在 1.5℃ 以内。这就能够最大程度保护生物陆地、海洋栖息地受到温度升高的影响，同时基本保持现有地球物种分布特征。

　　缓解海洋酸化。全球能源互联网推动能源系统加速脱碳，大幅降低空气二氧化碳含量，有效缓解海洋酸化问题。例如，靠港船舶辅机的碳排放占港口总排放量的 70%，通过大规模发展港口岸电，可减少船舶停靠期间 98% 的碳排放。到 2050 年碳中和后，大幅降低空气中二氧化碳浓度，抑制海水 pH 值进一步下降，使已经提高 30%的海水酸度依靠自身调节逐渐恢复化学平衡，消除珊瑚礁等多种海洋生物和海洋生态系统面临的巨大威胁。

减少冰川融化。冰川融化对全球生物多样性的影响主要体现为对极地生态系统的影响和由海平面升高引起的全球沿海陆地生态系统破坏。通过构建全球能源互联网，减少全球冰川融化，能够避免南极、北极和喜马拉雅冰川生态系统遭到更为严重的破坏，从而保护极地生态系统。同时，将温升控制在 1.5℃左右，全球海平面上升幅度也能够得到有效控制，将海平面上升对沿海生态系统的影响降至最低。

减少极端灾害。全球飓风、山火、洪水、超常高温热浪等各类极端天气发生的频率显著增加，国际灾害数据库统计显示，1980 年以来各类天气气候灾害发生频次接近翻两番。全球能源互联网解决气候变化问题，能够稳定并逐步减小全球极端灾害发生的频次和概率，从而减少对农业、生物栖息地、小岛屿等方面的影响。

5.3.2　全面治理环境污染

1　**全面治理空气污染**

人类长期以来对化石能源的严重依赖和大量消耗，向大气排放了过量二氧化硫、氮氧化物、细颗粒物等污染物，造成酸雨、毒雾、雾霾等各类空气污染，对动植物造成巨大危害。减少化石能源消耗，降低污染物排放是解决这一问题的治本之策。

减少大气污染物排放。全球能源互联网将彻底改变人类利用能源的方式，太阳能、风能、水能等清洁能源将成为主导能源，人类将根本摆脱化石能源依赖，大幅减少化石能源带来的大气污染，有效缓解因大气污染引起的生物多样性问题。据测算，通过构建全球能源互联网，到 2050 年全球每年可减少排放二氧化硫 6400 万吨、氮氧化物 1 亿吨、细颗粒物 1460 万吨。这意味这些大气污染物排放水平在全球范围将比目前下降 70%以上，全球空气质量和生态环境将得到根本改善。

专栏 5-1　中国能源互联网助力中国大气污染治理

在中国，正在建设的以特高压电网为骨干网架的中国能源互联网，为改善中国大气环境发挥了十分重要的作用。特高压电网杆塔和线路如图 1 所示。中国约 70%的煤电装机容量分布在东中部人口密集地区，长江沿岸平均每 30 千米就建有一座发电厂，排放大量的空气污染物，导致雾霾问题十分严重。2013 年，中国出台大气污染防治行动计划，九个特高压工程（"四交五直"）纳入该计划，并于 2017 年全部投运。这九条特高压线路输电能力达到 8500 万千瓦，2018—2019 年累计输送电量 3300 亿千瓦时，将西部地区的清洁能源输送到东中部的用电中心，每年减少东中部燃煤消耗 1.4 亿吨，减排大气污染物 150 万吨。

图 1　特高压电网杆塔和线路

在中国能源互联网的推动下，中国清洁能源发展走在世界前列。目前中国清洁能源装机容量达到 9.3 亿千瓦，其中水电、风电、光伏发电装机容量均位于世界首位。清洁能源每年替代电煤约 8 亿吨，能够减排二氧化碳 15 亿吨、大气污染物 800 万吨。预计到 2035、2050 年，能源互联网每年可让中国减少大气污染物排放 1500 万、2700 万吨。

改善土壤和水体酸化。人类排放的大量二氧化硫、氮氧化物等酸性气体会随降雨、降雪或直接落入地表，造成土壤和水体的酸化。构建全球能源互联网，大幅减少这些酸性气体污染物的排放，将有力改善土壤酸沉积和地表水酸化现象，为森林、草原、江河、湖泊等生态系统创造更好的发展环境，有效保护全球生物多样性。

2 促进淡水污染治理

由于不合理的能源和工业生产活动，人类向江河、湖泊排放了大量有毒有害废水，对水生动植物及淡水生态系统造成严重威胁。构建全球能源互联网将大幅减少化石能源使用，并带动新型绿色产业发展，淘汰高污染高排放产业，从根源上治理工业排放对淡水的污染。

减少化石能源使用，降低废水排放。治理水污染的关键是要抓住源头，切断污染物排放。依托全球能源互联网加快推进清洁替代，将显著减少化石能源开采、运输、使用全过程的废水排放，从根源上减少淡水污染。在全球能源互联网推动下，全球清洁替代速度持续加快，煤炭、石油、天然气需求将在 2030 年前达峰，之后快速下降，2050 年化石能源总需求下降至 49 亿吨标准煤，较 2016 年下降 68%；清洁能源在一次能源结构中的比重持续提升，2035、2050 年清洁能源占一次能源比重分别提升至 37%、75%。到 2050 年，因化石能源使用造成的工业废水、化学需氧量、氨氮排放量均下降 60% 以上，河流湖泊等水质得以有效修复和保护。

保障电力供应，促进淡水生态治理。化石能源大量开发利用是造成水污染的主要因素。随着全球能源互联网的构建，到 2050 年，化石能源占一次能源消费的比重将降至 30% 以内，大幅减少化石能源水污染。以充足的经济电力为支撑，采用先进污水处理净化技术，可实现大规模污水处理，进一步促进淡水生态修复。中国城镇处理 1 立方米污水用电量为 0.2～0.3 千瓦时，电力成本占污水处理总成本的 25%～45%。随着电价的下降，污水治理更加经济，淡水生态治理成本将进一步降低。

3 降低固体废弃物污染

固体废弃物排放会对土壤、淡水、海洋造成严重污染，导致动物死亡，土地寸草不生，微生物群落改变，严重影响生物多样性。构建全球能源互联网能够从减少固体废弃物排放和增加废弃物循环利用两个方面发力，为治理废弃物污染发挥重要作用。

促进生物质能发电发展，减少生物质废弃物污染。 全球能源互联网是清洁能源在全球范围大规模开发、输送和使用的重要平台，将加快生物质能发电发展，有力促进稻壳、秸秆、沼气、木材废料、垃圾等固体废弃物的回收利用，推动"变废为电"，减少污染。到 2050 年，垃圾焚烧发电装机规模可超过 2 亿千瓦，每年处理垃圾 26 亿吨，显著改善固体废弃物污染问题。

推动清洁能源替代化石能源，减少相关废弃物排放。 全球能源互联网能够在能源生产侧推动以太阳能、风能、水能等清洁能源替代煤炭、石油，在能源消费侧推动以电代煤、以电代油，大幅降低煤炭、石油消费，如图 5.20 所示，从根源上减少煤矸石、粉煤灰、煤泥、碱渣、废催化剂等煤炭和石油利用相关固体废弃物排放对土地资源的侵占以及对土壤造成的二次污染。

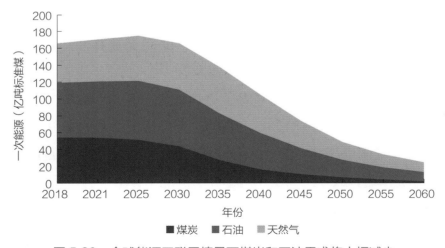

图 5.20　全球能源互联网情景下煤炭和石油需求将大幅减少

降低用电成本，促进废弃物处理和利用。固体废弃物的无害化处理或回收利用，需要综合采用压缩、破碎、分选、固化、焚烧、生物处理等技术和相应设备。缺电以及电价高昂是制约现代化固体废弃物处理设备普及应用的重要因素。通过协同开发清洁能源大基地和分布式电源，加快输配电网互联互通和延伸扩展，将大幅提升电能普及率，降低用能成本，为固体废弃物的处理和回收利用提供清洁、经济的用能保障，有力促进固体废弃物污染治理。

专栏 5-2　　　　　生物质能发电

生物质能是太阳能以化学能形式储存在生物质中的能量形式，即以生物质为载体的能量，由二氧化碳和水通过植物光合作用合成，充分燃烧后又生成等量的二氧化碳和水。因此，生物质能源是全生命周期零碳排放的可再生能源。现代生物质能是通过先进生物质转换技术生产出固体、液体、气体等高品位的燃料，利用方式多样。生物质可直接燃烧应用于炊事、室内取暖、工业过程、发电、热电联产等，也可通过热化学转换形成生物质可燃气、木炭、化工产品、液体燃料（汽油、柴油）等，分别用于替换天然气、煤炭及交通燃油。生物质能和碳捕集与封存技术（CCS）联合应用，将使生物质碳捕集与封存（BECCS）具备二氧化碳负排放能力，成为加速碳减排的重要技术方案。

2018年，全球生物质产量达到18.9亿吨标准煤，占总能源生产量的9.2%，其中居民生活、发电供热、工业生产、交通运输、商业服务、农林业领域用生物质分别达96亿、3.0亿、2.9亿、1.3亿、0.4亿、0.2亿吨标准煤。2020年，全球可再生能源发电装机容量达到28亿千瓦，其中全球生物质能发电装机容量达到1.3亿千瓦，约占整个可再生能源发电装机容量的4.6%，如图1所示[1]。截至2020年年底，中国生物质能发电装机容量、年发电量已分别达到2952万千瓦、1326亿千瓦时。

---

[1] 资料来源：国际可再生能源署，Renewable Capacity Statistics 2021，2021。

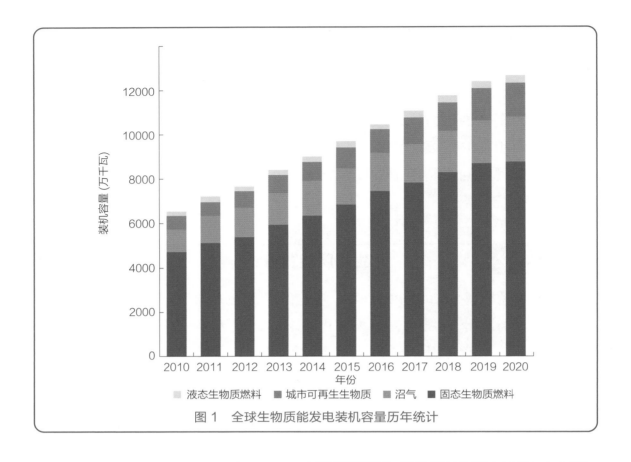

图 1　全球生物质能发电装机容量历年统计

专栏 5-3　　　　　　　　　　垃圾转运站

　　垃圾转运站是为了提升垃圾运输效率在垃圾产地至处理处置设施之间所设的中转站。垃圾转运站如图 1 所示。

图 1　垃圾转运站

　　现代化的转运站配备大型垃圾压缩机，可将垃圾体积压缩到原来的一半左右，从而提升单车垃圾运载力，减少运输车次，降低运输成本，是现代城市垃圾收集运输系统中不可缺少的重要环节。

5.3.3　大幅减少栖息地破坏

1　减少海洋生态破坏

　　工业革命以来，海上石油泄漏、沿海电厂热污染严重影响海洋生态系统，威胁人类的资源宝库。化石能源是造成海洋生态环境恶化的重要原因。构建全球能源互联网将减少化石能源生产消费和碳排放，大幅缓解海洋污染，有效保护海洋生态。

　　减少石油开发和运输，减少海上石油泄漏。构建全球能源互联网将促进以清洁能源替代化石能源，减少海上石油开发；以电力贸易替代石油贸易，减少海上石油运输。清洁能源发电将成为能源生产主要形式，电力贸易将成为能源贸易主要形式，大幅减少海上油田开发、管道运输、远洋油轮运输等环节的石油泄漏风险。到 2050 年，全球清洁能源装机容量超过 351 亿千瓦，年发电量超过 79 万亿千瓦时，跨国跨区电力流将达到 6.6 亿千瓦，经济高效的清洁电力将为世界各国可持续发展提供有力保障，石油海上开发和运输将逐步退出历史舞台，海洋生态系统将不再受到石油泄漏污染的侵害。

　　减少沿海电厂，保护近海生态。沿海地区通常为经济发达、人口众多的用能负荷中心，历来分布着众多滨海火电厂、核电站，由于电厂冷却需要向海洋排放了大量废热，对海洋生态造成严重威胁。构建全球能源互联网不仅能够促进沿海地区清洁能源开发，还将推动内陆地区风电、光伏发电远距离送至沿海地区，替代沿海火电厂、核电厂发电，大幅减少能源行业对海洋的热污染。在沿海地区用清洁能源每替代 100 万千瓦的火电厂，可减少冷却水排放量为 4 亿~7 亿立方米，有助于恢复水中溶解氧含量，保持生态平衡。截至 2020 年年底，中国成功投运"十四交十六直"30 个特高压工程，将中国西部和北部地区清洁能源发电源源不断送至东部沿海地区，跨省跨区输电能力超过 1.4 亿千瓦，累计送电量超过 2.5 万亿千瓦时，相当于节约东部沿海电厂建设 1.4 亿千瓦，为保护中国东部沿海生态系统作出重要贡献。

> **专栏 5-4   沿海电厂热排放威胁海洋生态系统**
>
> 火电厂、核电厂由于提供热机冷源和各种设备冷却降温的需要，在发电过程中需要大量的冷却水连续供应。为此，全球许多火电厂、核电厂布置在沿海地区，并采用海水作为冷却介质（中国火电厂和核电厂近 1/5 的装机容量布置在沿海区域）。研究表明火电厂的热效率约 40%，核电厂的热效率不到 35%，因此大量废热随冷却水被排入附近海域。
>
> 沿海电厂热排放造成海水升温，将使近海水体中溶解氧的溶解度下降，对生物产生不利影响，尤其是在夏季高温无风条件下，溶解氧浓度的下降会造成生物的缺氧甚至窒息。温排水造成的温升还能改变水生生物的生活条件，引起浮游生物数量种类和多样性的变化，使得个别耐热种类数量开始增加，并作为优势种群而存在。许多水生动物的种群结构、生长与繁殖等活动都将受到水温的制约与影响，而其中鱼类对水温的反应最敏感，鱼类因缺氧而浮出水面呼吸。大量研究表明，当温升超过水域中的鱼类、养殖生物的适应阈值，就会引起水生生物代谢的异常甚至死亡。

2 减少森林破坏

受气候变化、环境污染、人为砍伐影响，近年来全球森林生态遭到严重破坏，导致以森林为栖息地的物种加速灭绝。构建全球能源互联网，将大幅减少化石能源开发，抑制温室气体和污染物排放，保护森林生态系统，并通过提供清洁、经济电力，带动多元产业发展，减少人类为获取经济利益而对森林的砍伐。

　　缓解气候变化和酸雨，保护森林生态系统。构建全球能源互联网，能够实现全球碳减排目标，控制气候变化，到 2050 年还将减少 64%~86% 的二氧化硫和 56%~84% 的氮氧化物排放（见图 5.21），极大缓解气候变化和酸雨对森林生态系统的影响。陆地上超过 80% 的动植物以森林为家，保护森林生态系统也将有效保护生物多样性，促进人与自然和谐共生。

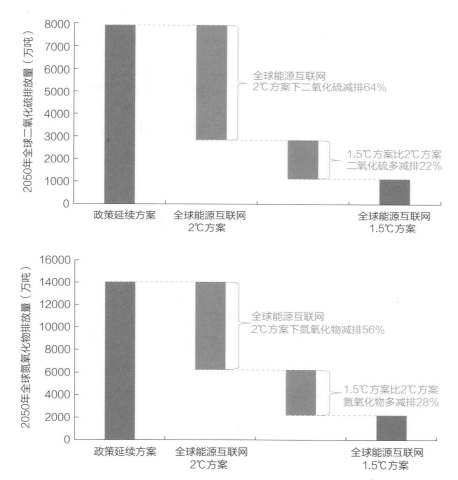

图 5.21　2050 年全球二氧化硫、氮氧化物排放量❶

　　促进产业多元化，降低森林资源依赖。许多发展中国家迫于经济门类单一，不得不依靠原木出口或砍伐原始森林后种植经济作物，维系脆弱的国民经济，如不能扶植替代性产业，单纯要求其"保护森林"，既行不通，也不公

---

❶ 资料来源：全球能源互联网发展合作组织，破解危机，北京：中国电力出版社，2020。

平。构建全球能源互联网能够为发展中国家特别是最不发达国家提供先进能源电力基础设施，输入先进发展模式、管理机制和创新技术，有力促进钢铁、冶金、化工、汽车、机电、纺织、食品等各类工业发展，加速工业化进程，促进无土栽培、立体种养等生态农业发展，减少毁林造田，帮助许多发展中国家摆脱依靠砍伐森林谋求发展的困局。例如，非洲能够依托清洁能源和矿产资源双重优势，建设非洲能源互联网，实现"电—矿—冶—工—贸"联动发展，健全工业体系，实现更高水平和可持续发展。

专栏 5-5 "电—矿—冶—工—贸"促进产业多元发展

　　非洲、东南亚和南美洲的许多国家拥有丰富的清洁能源和矿产资源，也面临亟待解决的发展困局。一方面，丰富的清洁能源因缺少资金、市场和相关技术得不到开发，造成电力短缺；另一方面，矿产资源因缺少足够的电力，无法深度冶炼加工，只能作为初级产品出口。这些发展中国家资源优势得不到发挥，成为制约经济发展的瓶颈。全球能源互联网发展合作组织在深入调研的基础上，提出"电—矿—冶—工—贸"联动发展新模式。该模式整合清洁能源和矿产资源优势，开发大型清洁能源基地，建设区域能源互联网，打造电力、采矿、冶金、工业、贸易协同发展的产业链，以充足经济的清洁电力保障矿山、冶金基地、各类工业园建设和生产，推动贸易出口由初级产品向高附加值产品转变，形成"投资—开发—生产—出口—再投资"良性循环，全面提升经济发展规模、质量和效益。

　　"电—矿—冶—工—贸"有效解决了非洲等地区面临的发展困境。按照这一模式，在项目开发时，发电、输电、用电三方签订合约，形成利益共享、风险共担、相互支持的企业群，依托项目内生价值、企业资本金和信用，向银团、财团、社会资本等融资，保障项目实施，如图 1 所示。基于这一思路，清洁能源开发解决了用电市场和融资问题，矿产开采、冶炼加工解决了电力供应问题，打开了制约经济发展的枷锁。产业层面，改变了过去不同行业、不同产业各自为战、缺乏统筹的发展方式，形成联动发展的产业链，实现集群式发展，加快工业化进程。国家层面，发挥不同国家资源禀赋、地理区位、经济结构方面的互补优势，促进跨国资源整合，培育大市场，让各国都受益，实现协同发展、共同繁荣。

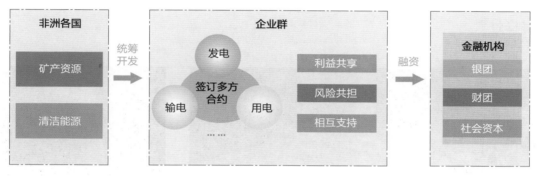

图1 "电—矿—冶—工—贸"项目开发思路

实施"电—矿—冶—工—贸"联动发展的效益巨大。以非洲为例，能源供应方面，到 2050 年，非洲清洁能源占一次能源比重达45%以上，平均电价比目前降低 5 美分/千瓦时以上，每年减少用电成本超过 1600 亿美元。经济增长方面，到 2050 年，非洲电解铝、钢铁等工业总产值超过 4800 亿美元，出口超过 1000 亿美元；清洁电力出口将超过 360 亿美元；基础设施建设和工业化累计创造就业岗位超过 1 亿个。

3 减少生境丧失

资源开发和基础设施建设破坏生态环境，会对生物多样性产生负面影响。在满足人类资源开发需求基础上，提高土地资源利用效率、增强基础设施环境友好性是破解挑战的关键。全球能源互联网是清洁能源大范围优化配置的重要平台，能够显著提高资源开发效率，减少通道利用，实现能源与自然和谐统一。

统筹清洁能源资源开发，减少栖息地破坏。构建全球能源互联网，在清洁能源开发和电网互联项目规划阶段统筹协调，合理避让生态保护红线和环境敏感区，最大程度减少能源开发对生物栖息地破坏，将开辟出一条电力基础设施与动物、植物等不同生物物种以及沙漠、湿地、森林等不同生态系统的和谐共生之路（见图5.22）。预计到2050年，通过科学开发、系统规划、统筹布局，全球能源互联网将促进全球清洁能源高效开发利用，降低能源利用对生物栖息地影响，避免全球40%以上的鸟类物种、60%以上的两栖动物灭绝，有效保护生物多样性[1]。

变电站边坡防护措施

高山地区架设索道

高低腿铁塔

图 5.22　全球能源互联网推动减少栖息地破坏

强化电网工程项目管理，减少生境影响。电网是重要的能源基础设施，也是生态文明建设的重要载体。构建全球能源互联网，将生物多样性保护融入能源互联网建设和运营的各个环节，将最大程度减少对生物生存环境的影响。在建设阶段，积极采用有利于保护环境的新技术新工艺新材料，落实各项环境保护和水土保持措施，减少施工活动对周围环境的影响，避免植被破坏和水土流失。在运行阶段，严格执行环境保护相关标准，加强污染防治设施运维管理，强化技术监督和环境治理，确保噪声、废水、电磁环境等达标，实现工程与自然和谐统一。

---

❶ 资料来源：全球能源互联网发展合作组织，破解危机，北京：中国电力出版社，2020。

专栏 5-6 巴西美丽山水电特高压直流送出二期工程环境评估

巴西美丽山水电特高压直流送出二期工程（见图 1）线路经过"地球之肺"亚马孙雨林地区、巴西利亚高原及里约丘陵地带；跨越亚马孙流域、托坎廷斯河等五大流域 863 条河流，生态体系复杂、地形多变、人文差异大。热带雨林中往往一棵树上就附生数十种植物，凡是独有稀缺的物种都要进行"移植"。巴西环境保护法有 2 万多条，被认为是世界上环保法规最多的国家，审批程序繁杂，批复条件极其严格。巴西美丽山水电特高压直流送出二期工程的环评堪称"史上最严环评"。

图 1　巴西美丽山水电特高压直流送出二期工程

为确保工程建设符合环境保护相关要求，中国国家电网公司团队在沿线森林深处选取多个区域，连续一整年在雨林地区对动植物种类、数量等信息进行详细观察和记录；用半年时间完成了土著部落、人口、经济、教育、医疗、交通等社会经济调查和评估；在沿线 10 个城市召开环评听证会 11 场，充分听取当地政府机构及沿线民众对环评影响评估的意见；完成环境调查报告和环境影响诊断评估报告达 56 卷，提出地理环境保护、动植物保护及疟疾防控等 19 个方案。最终经过 25 个月的环境评估，项目设计方案最终在 2017 年 8 月通过了巴西"史上最严格"的项目环评，实现工程建设与生态环境和谐统一。

促进特高压输电技术应用，减少土地资源消耗。特高压输电技术具备输电容量大、距离远、损耗低、安全性高等显著优势，1000 千伏特高压交流的输电功率、走廊效率是 500 千伏交流的 4~5 倍和 3 倍，±1100 千伏特高压直流的输电功率、走廊效率为 ±500 千伏直流的 4~5 倍和 1.8 倍。加快构建全球能源互联网，推动特高压电网发展，能够显著提升电网配置能力，在保障全球电力供应的同时，实现土地资源消耗大幅降低。预计到 2050 年，将建成全球能源互联网"九横九纵"骨干网架，总长度超过 18 万千米，节约土地资源 60%以上。

5.3.4 有效促进生物资源可持续利用

1 推动以电代柴

当前，全球还有近 8 亿人用不上电，24 亿人依靠木质燃料烹煮食物[1]。缺乏现代电力设施让非洲、南亚、中南美等地区的数亿居民不得不把砍伐森林作为获取能源的主要途径，甚至是唯一途径。构建全球能源互联网，推动这些地区丰富的水能、风能、太阳能等清洁能源大规模开发、大范围配置和高效使用，能够以清洁、经济的方式根本解决无电人口用电问题。到 2050 年，全球电能普及率将接近 100%，度电成本降低 40%，实现人人获得负担得起的、可靠和可持续的现代能源，大幅减少因获取能源而进行的森林砍伐，有效保护森林资源。

---

[1] 资料来源：世界粮农组织，世界森林状况 2020。

2 推动食物保鲜设备普及应用

在世界许多国家和地区，由于缺电或用不起电，冰箱、冷库等制冷保鲜设备设施无法普及应用，食物难以保存，导致大量食物浪费，增加人类对于生物资源的消耗。构建全球能源互联网，能够为这些国家和地区带来清洁、经济、可持续的电力供应，促进各类制冷保鲜设备设施的普及，有效延长食物保存期限，减少食物浪费，促进对生物资源的节约利用，见表 5.1。据世界粮农组织研究报告显示，每年全球约有 13 亿吨食物被浪费，约占人类食物生产总量的 1/3，如果发展中国家的制冷设备应用水平与发达国家相当，发展中国家约 25% 的食物浪费总量可以避免[1]。

表 5.1 食物在不同温度下的保存时长

食物种类	理想温度下	比理想温度高 10℃	比理想温度高 20℃	比理想温度高 30℃
鲜鱼	0℃时 10 天	4~5 天	1~2 天	几个小时
牛奶	0℃时 2 周	7 天	2~3 天	几个小时
绿色蔬菜	0℃时 1 个月	2 周	1 周	少于 2 天
土豆	4~12℃时 5~10 个月	少于 2 个月	少于 1 个月	少于 2 周

3 推动电制燃料和原材料普及应用

当前，人类为获取能源、材料和食物，大量攫取木材、肉类等生物资源，生物多样性破坏严重。构建全球能源互联网将推动太阳能、风能等绿色可再生能源加快替代化石能源，为人类带来清洁、经济、高效、永续的电力供应，还将进一步推动"一个转化"，即利用清洁能源发电将二氧化碳、水等物质转化为氢气、甲烷、甲醇、蛋白质等燃料和原材料，从更深层次、更广维度破解生产资源匮乏约束，解决人类对能源、材料乃至食物的需求，降低人类对生物资源的依赖。

---

[1] 资料来源：国际粮农组织，How Access to Energy Can Influence Food Losses.

通过电制燃料技术，能够让一些地区用上氢气、甲烷、甲醇等经济、高效燃料，彻底摆脱对薪柴的依赖，降低对森林资源的消耗；通过电制蛋白质技术，能够有效增加蛋白质的获取来源，减少人类为获取蛋白质而对自然界动植物资源的过度消耗。

专栏 5-7　电制甲烷、甲醇与电制蛋白质

1. 电制甲烷、甲醇

甲烷是广泛使用的燃料，甲醇则是有机化工的基本原料。在当前的技术水平下，电解水制氢可以提供氢气燃料，也可以利用氢还原二氧化碳中的碳化合生成甲烷（天然气的主要成分）、甲醇等简单有机物，并进一步生成各种复杂烷烃类燃料，如汽油、柴油等。

目前甲烷、甲醇等生成物的物质转化效率可以达到90%以上，但成本较高。电制甲烷的用电价需要降至0.5美分/千瓦时，成本才能与天然气的用户侧价格（0.7美元/千克）相当；当电价降至1.2美分/千瓦时，电制甲醇才能与化石能源制甲醇价格（0.4美元/千克）相当，如图1所示。预计到2050年，随着技术持续进步，能量转化效率将大

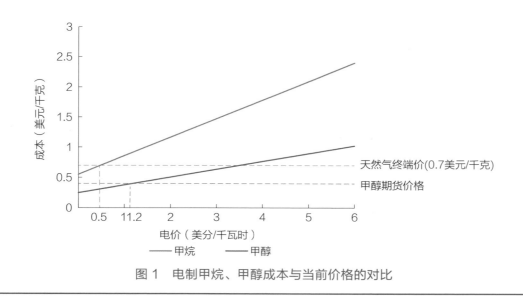

图 1　电制甲烷、甲醇成本与当前价格的对比

幅提高，设备成本降低 80%，用电价降至 2 美分/千瓦时，电制甲烷的成本有望降至 0.43 ～ 0.57 美元/立方米，电制甲醇的成本有望降至 0.28 ～ 0.37 美元/千克，基本与当前价格相当，电制甲烷、甲醇将实现产业化发展。

2. 电制蛋白质

2019 年，芬兰 Solar Foods 公司只利用电、水和空气，通过类似酿造啤酒的生产工艺制造出单细胞蛋白质食品 Solein。它是将微生物放入液体，通过电解水、二氧化碳产生有机物，微生物利用有机物制造蛋白质，外观和味道类似小麦粉，可用于制作各种饮食，或作为食物原料。Solein 含有 65% ～ 75% 的蛋白质，10% ～ 20% 的碳水化合物，4% ～ 10% 的脂肪和 4% ～ 10% 的矿物质。目前每千克成本约 6 美元，最大的成本就是电能消耗。据悉，Solar Foods 公司计划在 2021 年年底开设第一家 Solein 工厂，并计划到 2022 年将产量扩大至每年 20 万吨。

5.3.5　有力推动生态修复

1　推动荒漠土地治理

荒漠地区降水量低、植被稀少，限制了动植物的生存。同时，荒漠地区太阳能资源十分丰富，非洲北部、中亚、南美西部等地区太阳能平均辐照强度超过 2500 千瓦时/平方米，资源优势显著。构建全球能源互联网，将促进太阳能资源开发利用，在荒漠治理、资源创效和发展模式升级等方面协同发力（见图 5.23），实现以能源发展引领荒漠修复。

光伏治沙促进荒漠土地恢复。光伏、光热等清洁能源发电设备能够减缓地表风速，减少降水冲击和土壤水分蒸发，防止荒漠过快扩张。据测算，建设 100 万千瓦生态光伏，每年可减排二氧化碳约 120 万吨，防风固沙面积可达 40 平方千米，相当于植树 64 万棵，生态效益十分显著。构建全球能源互联网，在轻度荒漠化地区，同步开展清洁能源开发和荒漠化治理，将打造绿色低碳的人工生态系统，实现土地的综合利用，让沙漠变绿洲，重新焕发生机。中国内蒙古推动"光伏治沙"取得成功经验。

图 5.23　全球能源互联网促进荒漠土地治理

专栏 5-8　　中国内蒙古光伏治沙

中国内蒙古自治区达拉特旗的库布齐沙漠，是中国第七大沙漠，总面积约 1.45 万平方千米，流动沙丘约占 61%。库布齐沙漠拥有丰富的太阳能资源，年均日照超过 3180 小时，发展光伏产业得天独厚，见图 1。

2017 年 12 月，当地政府投资 37.5 亿元在沙漠边缘地区建设 50 万千瓦的光伏电站。该项目于 2017 年 12 月并网发电，截至 2019 年年底，累计发电量达 8.1 亿千瓦时，实现产值 2.8 亿元。2019 年 6 月，中国国家能源局确定在当地再建设一个 50 万千瓦光伏电站。二期项目建成后，将与一期项目连成一体，成为中国最大的沙漠集中式光伏发电基地和世界最大的光伏治沙项目。

图1 沙漠光伏项目

互联互通推动荒漠资源创效。构建全球能源互联网，打造互联互通的能源网络，是实现荒漠清洁能源开发利用的关键。一方面，通过大电网将清洁电能送至负荷地区，变生态环境劣势为清洁能源利用优势，将产生巨大的经济价值。另一方面，通过清洁能源外送、产业结构升级、资源协同开发等综合举措推动植树造林、土壤治理和生态工程建设，推进经济社会环境协调可持续发展。到 2050 年，全球能源互联网建设将促进撒哈拉沙漠北部、阿塔卡马沙漠中部、塔克拉玛干沙漠南部等一大批荒漠生态修复项目实施，效益显著。

"电—水—土—林"打造荒漠治理新模式。加快构建全球能源互联网，大力实施"电—水—土—林"生态修复，即利用清洁电力实施海水淡化，增加生态修复所需淡水资源，实现荒漠化土地防、治、用有机结合，形成能源开发、海水淡化、生态治理的良性循环（见图 5.24），更好推动生态环境恢复。建设全球能源互联网，到 2050 年，全球荒漠化地区光伏电站面积可达 65 万平方千米，直接治理荒漠化面积近 100 万平方千米❶。

建设初期   投运后

图 5.24　全球能源互联网打造荒漠治理新模式

专栏 5-9　　"电—水—土—林"发展模式及应用

电：以开发清洁电力为基础。在沿海风、光资源丰富的地区大力开发太阳能、风能等清洁能源，建设一批大型清洁能源基地，加强跨国跨区输电通道和本地电网建设，提供充足可靠的清洁电力供应。

水：以增加水资源供应为重点。研发推广海水淡化与清洁发电耦合系统，采用海水淡化技术增加沿海缺水地区的淡水资源供应，降低海水淡化成本，保障生产生活用水，探索多种途径高效利用水资源。

土：以优化土地利用为载体。通过保护、修复和改进土地管理等基于自然的解决路径，促进全球湿地、草原等地表植被恢复。

林：以促进林业发展为手段。采用植树造林、合理轮伐、森林管理、植被恢复等方法，多种途径促进林业发展、加速树木生长、扩大林业面积，改善森林生态。

❶ 资料来源：全球能源互联网合作组织，全球能源互联网促进全球环境治理行动计划，2019。

2 推动海洋生态修复

工业革命以来，人类活动不断破坏海洋生态系统，导致生物多样性迅速下降。大力推动海洋生态修复，促进海洋资源合理开发利用，是实现可持续发展必由之路。构建全球能源互联网，将以充足清洁的电力供应，促进生态工程建设，为水域生态修复开辟新路。

强化生态监控，促进海洋生态修复。海洋生态治理是一项系统性工程，需要综合运用工程、技术等手段，因地制宜修复受损的海洋生态系统结构。构建全球能源互联网，将以充足清洁电力，促进遥感卫星、无人机、海面站、岸基站一体的海洋立体生态监控网络体系建设，提高生态系统保护能力；将推动海洋排放总量监控体系建设，实施陆海一体化污染防控，降低海洋污染；将促进海洋生态修复工程实施，加快海洋系统良性循环，实现可持续发展。

推动清洁发展，培育生态型海洋产业体系。海洋是资源的宝库，是高质量发展的战略要地。构建全球能源互联网，将加快港口岸电、电动船舶等技术装备发展，推动绿色港口、智慧港口建设；将促进海上风电、潮汐发电、跨海互联通道等工程建设，推动海洋资源开发和产能合作。预计到 2050 年，全球海上风电装机容量将达到 2 亿千瓦，带动相关产业发展，为海洋经济发展打造新引擎。

3 减少生物入侵

生物入侵严重破坏迁入地生态平衡，对迁入地物种构成威胁。化石能源远距离运输和气候变化是导致微生物、动植物迁移入侵其他生态系统的重要原因。构建全球能源互联网，推动"两个替代、一个提高、一个回归、一个转化"，将大幅减少因煤、油、气等化石能源长距离运输导致的生物入侵，同时还将推动全球能源系统碳减排，到 21 世纪末实现 1.5℃温升控制目标，最大程度减少因气候变化导致的生物入侵，为保护生态系统，促进实现生物多样性目标发挥重要作用，如图 5.25 所示。

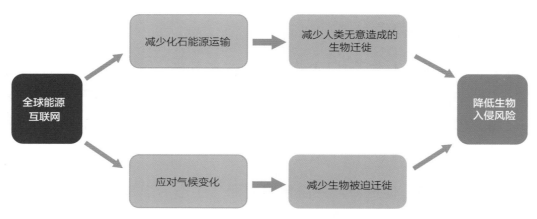

图 5.25　全球能源互联网减少生物入侵

6 全球能源互联网促进生物多样性保护方案和路线图

构建全球能源互联网开创了以能源电力革命推动生物多样性保护的创新之路。本章以减少生物多样性五大驱动因素的影响为目标，结合各洲和地区发展实际，从规划、政策、产业、工程、技术等层面出发，提出以全球能源互联网促进气候治理、环境治理、栖息地保护、生物资源可持续利用、生态修复与应急保护、技术创新为核心的 6 个子方案以及 21 项重点举措（见图 6.1），为各国加强生物多样性保护提供了行之有效、技术先进、经济高效、条件具备，可复制、可推广的系统方案。

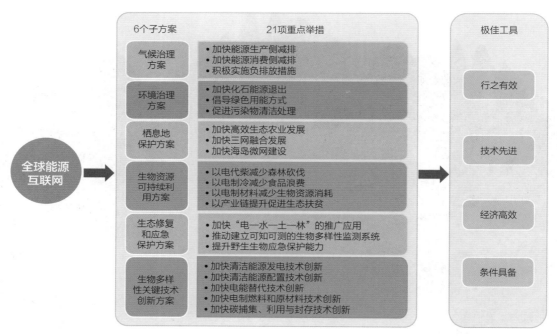

图 6.1　全球能源互联网促进生物多样性六大行动方案

6.1　全球能源互联网促进气候治理方案

构建全球能源互联网，加快清洁能源开发、电网互联、终端电能替代以及碳捕集封存与利用等负排放技术推广应用，在能源生产、配置、使用全环节加快碳减排，到 2050 年实现能源系统净零排放，21 世纪末全球温升控制在 1.5℃以内，显著降低气候变化对生物多样性的影响。

6.1.1　加快能源生产侧减排

大力开发光、风、水等清洁能源资源，推动各大洲洲内能源互联网建设和跨洲电网互联互通，到 2035、2050 年清洁能源占一次能源消费的比重分别达到 37%、75%，清洁能源发电装机容量分别达到 158 亿、352 亿千瓦，占电力总装机比重分别达到 81%、95%。到 21 世纪末，清洁替代累计减排二氧化碳 1.8 万亿吨。

1　亚洲

（1）能源开发方面

大力开发光、风、水等清洁能源，力争到 2035、2050 年清洁能源占一次能源消费的比重分别达到 30%、72%，清洁能源发电装机容量分别达到 81 亿、195 亿千瓦，占电力总装机比重分别达到 78%、95%。

光伏基地建设： 加快中国新疆、青海、内蒙古、西藏等 18 个大型清洁能源基地开发，总装机容量达 5.5 亿千瓦；加快蒙古、巴基斯坦、印度和中亚、西亚等地区 38 个大型光伏基地开发（见表 6.1），总装机规模约 6.9 亿千瓦，年发电量 1.3 万亿千瓦时，总投资约 3220 亿美元，度电成本为 1.8~3.3 美分/千瓦时。

表 6.1　亚洲大型光伏基地信息

序号	基地名称	国家	占地面积（平方千米）	年均辐射强度（千瓦时/平方米）	装机容量（兆瓦）	年发电量（吉瓦）	总投资（百万美元）	度电成本（美分/千瓦时）
1	乔伊尔	蒙古	297	1668	8000	14300	3650	2.3
2	古尔班特斯	蒙古	29	1781	1000	1848	442	2.16
3	塔班陶勒盖	蒙古	114	1738	4000	7244	1808	2.25
4	杰伊瑟尔梅尔	印度	566	2029	40200	73642	17952	2.2
5	科尔纳	印度	630	2026	36000	66071	15199	2.08
6	帕坦	印度	629	2017	31900	59455	24022	2.05
7	普杰	印度	385	2046	30000	56464	13767	2.2
8	拉杰果德	印度	1002	2049	28200	59964	13065	1.96
9	杜利亚	印度	612	1944	24000	44142	10529	2.15

续表

序号	基地名称	国家	占地面积（平方千米）	年均辐射强度（千瓦时/平方米）	装机容量（兆瓦）	年发电量（吉瓦）	总投资（百万美元）	度电成本（美分/千瓦时）
10	奥兰加巴德	印度	413	1953	16100	29964	6808	2.05
11	巴沃格达	印度	1018	1987	40400	73138	17134	2.11
12	马杜赖	印度	307	2030	20000	36062	8616	1.91
13	奎达	巴基斯坦	490	2188	28000	57472	12552	1.97
14	胡兹达尔	巴基斯坦	680	2202	35900	73951	17044	2.08
15	莫蒂亚里	巴基斯坦	243	2038	16100	29755	7193	2.18
16	基利诺奇	斯里兰卡	120	2031	7600	13738	3195	2.1
17	图尔克斯坦	哈萨克斯坦	333	1655	11000	17492	6112	3.15
18	阿普恰盖	哈萨克斯坦	269	1554	9600	14784	3992	2.44
19	木伊那克	乌兹别克斯坦	58	1634	2000	3207	959	2.7
20	昆格勒	乌兹别克斯坦	169	1755	7500	12509	3345	2.41
21	土库曼纳巴德	土库曼斯坦	166	1787	5000	8460	2394	2.55
22	马雷	土库曼斯坦	127	1851	5000	8896	2135	2.17
23	杜沙克	土库曼斯坦	79	1772	3300	5509	1521	2.49
24	阿弗拉杰	沙特阿拉伯	179	2303	15100	30188	7098	2.12
25	阿尔奥柏拉	沙特阿拉伯	124	2239	10000	19469	4986	2.31
26	利雅得	沙特阿拉伯	195	2246	15100	29891	6395	1.93
27	哈伊勒	沙特阿拉伯	286	2246	20100	40859	8314	1.84
28	泰布克	沙特阿拉伯	147	2333	10100	21415	4286	1.81
29	沙里姆	阿曼	316	2303	27300	54667	19866	3.28
30	斯维汗	阿联酋	514	2216	40200	77956	17108	1.98
31	马安	约旦	188	2283	12400	26123	5295	1.83
32	阿马拉	伊拉克	323	1969	20100	36109	8351	2.09
33	纳杰夫	伊拉克	278	2061	17600	33003	7978	2.18
34	霍姆斯	叙利亚	269	2031	15000	28584	6289	1.99
35	设拉子	伊朗	731	2201	25000	52371	10772	1.86
36	扎黑丹	伊朗	357	2181	22500	45504	10107	2
37	比尔詹德	伊朗	388	2131	22500	46323	10059	1.96
38	坎大哈	阿富汗	65	2120	4000	7825	1699	1.96

　　风电基地建设： 加快中国新疆、甘肃、内蒙古、吉林、河北等 21 个大型陆上风电基地，以及广东、江苏、福建、浙江、山东等沿海地区 7 个大型海上风电基地开发，总装机容量达 5.3 亿千瓦；加快蒙古、哈萨克斯坦、巴基斯坦、日本沿海、朝鲜半岛沿海等地区 39 个大型风电基地建设（见表 6.2），总装机规模 2.9 亿千瓦，年发电量 0.9 万亿千瓦时，总投资约 2862 亿美元，其中陆上风电基地的度电成本为 2.0~3.9 美分/千瓦时，海上风电基地的度电成本为4.0~7.4 美分/千瓦时。

表 6.2　亚洲大型风电基地信息

序号	基地名称	国家	占地面积（平方千米）	年均风速（米/秒）	装机容量（兆瓦）	年发电量（吉瓦时）	总投资（百万美元）	度电成本（美分/千瓦时）
1	稚内	日本	801	8.52	4000	15409	6074	5.48
2	珠洲	日本	602	7.18	3000	9485	4452	6.53
3	吉州	朝鲜	803	6.76	4000	11825	5442	6.4
4	浦项	韩国	1209	7.25	6000	19069	8636	6.65
5	乔巴山	蒙古	256	6.35	1000	2781	702	2.89
6	曼达勒戈壁	蒙古	345	6.63	1000	2881	705	2.8
7	南德格勒尔	蒙古	1195	6.42	2000	5494	1557	3.24
8	乔伊尔	蒙古	5141	6.27	16000	41348	11419	3.15
9	塔班陶勒盖	蒙古	1898	7.63	8000	26103	6069	2.66
10	广义	越南	1002	6.44	5000	13542	6754	6.94
11	平顺	越南	1008	9.5	5000	23149	6675	4.01
12	宁顺	越南	698	9.59	3500	15962	4882	4.26
13	班吉	菲律宾	203	8.44	1000	3648	1503	5.73
14	南他加禄	菲律宾	1137	8.2	4500	17222	6479	5.23
15	杰伊瑟尔梅尔	印度	4865	5.74	23000	55357	17728	3.66
16	帕焦	印度	5194	6.37	26000	73646	33829	6.39
17	拉杰果德	印度	4023	6.78	20100	56502	27255	6.71
18	普杰	印度	8285	6.14	20300	52287	14537	3.18
19	绍拉布尔	印度	10114	5.77	19900	44018	14840	3.85
20	金奈	印度	2006	6.2	10000	26590	12464	7.4

序号	基地名称	国家	占地面积（平方千米）	年均风速（米/秒）	装机容量（兆瓦）	年发电量（吉瓦时）	总投资（百万美元）	度电成本（美分/千瓦时）
21	杜蒂戈林	印度	2799	8.89	14000	62683	18275	4.06
22	马纳尔	斯里兰卡	995	8.28	5000	19145	6553	4.76
23	贾夫纳	斯里兰卡	605	7.45	3000	10230	3930	5.36
24	噶罗	巴基斯坦	979	6.52	4000	12053	2765	2.62
25	金皮尔	巴基斯坦	448	5.89	2000	5034	1532	3.48
26	俾路支	巴基斯坦	726	7.76	3000	10051	2410	2.74
27	阿特劳	哈萨克斯坦	1531	7.27	7000	23428	5020	2.45
28	曼吉斯套	哈萨克斯坦	1434	7	6000	18245	4337	2.72
29	卡拉干达	哈萨克斯坦	1416	7.17	4000	12413	2972	2.74
30	江布尔	哈萨克斯坦	2918	7.61	3000	10010	2368	2.7
31	图尔克斯坦	哈萨克斯坦	1170	8.18	3000	10772	2244	2.38
32	达曼	沙特阿拉伯	6166	6.34	30100	86405	20898	2.76
33	拉卡比	阿曼	1169	7.93	5000	17031	4743	3.18
34	拉斯马德拉卡	阿曼	407	7.73	2000	6740	1840	3.12
35	古韦里耶	卡塔尔	406	6.08	2000	5364	5364	3.11
36	塔伊兹	也门	1064	8.78	5000	20867	3617	1.98
37	阿勒颇	叙利亚	198	6.31	1000	2874	688	2.74
38	比尔詹德	伊朗	421	8.48	2000	7344	1549	2.41
39	赫拉特	阿富汗	1134	9.57	4000	17441	3127	2.05

水电基地建设： 稳步推进金沙江、雅砻江、澜沧江、恒河、布拉马普特拉河、马哈坎河等 10 余个水电基地开发，总装机规模超过 0.9 亿千瓦，年发电量超过 0.4 万亿千瓦时。

（2）能源互联方面

洲内互联： 建设中国、东南亚、东北亚、南亚、中亚及周边、西亚 6 个主要同步电网，加强各区域内部电网建设，其中，东亚建成 1000/765/500 千伏主网架；东南亚中南半岛形成 1000 千伏交流主网架，其他地区形成 500 千伏交流主网架；中亚区域内五国形成 1000/500 千伏交流同步电网；南亚主要建设 765/400 千伏交流电网；西亚形成 1000/765/500/400 千伏交流主网架。

跨洲互联：加强与欧洲、非洲和大洋洲电网互联，形成欧—亚—非跨洲"四横三纵"互联格局。"四横"由亚欧北横通道、亚欧南横通道、亚非北横通道和亚非南横通道构成，"三纵"通道包括亚洲东纵通道、亚洲中纵通道和亚洲西纵通道。

电力流规模：到 2035、2050 年，跨洲跨区电力流将分别达到 9830 万、2 亿千瓦，其中跨洲电力流分别为 2300 万、5100 万千瓦。

2 欧洲

（1）能源开发方面

大力开发洲内风能、太阳能等清洁能源并积极受入洲外清洁能源，力争到 2035、2050 年，清洁能源占一次能源消费的比重达到 50%、85%，清洁能源装机容量达到 26 亿、46 亿千瓦，占电力总装机比重达到 91%、98%。

光伏基地开发：集中开发西班牙、希腊、葡萄牙和意大利等光照资源较好国家的太阳能资源，在西班牙南部安达卢西亚地区建设大型光伏基地，装机规模约 72 万千瓦，年发电量 13 亿千瓦时，总投资约 3.6 亿美元，平均度电成本 2.2 美分/千瓦时。

风电基地开发：加快北海、波罗的海、挪威海、格陵兰及冰岛、巴伦支海等海域 17 个大型风电基地建设（见表 6.3），总装机规模 1.6 亿千瓦，年发电量 0.7 万亿千瓦时，总投资约 2630 亿美元，其中陆上风电基地的度电成本 2.7 美分/千瓦时，海上风电基地的度电成本为 4.9~7.1 美分/千瓦时。

表 6.3　欧洲大型风电基地信息

序号	基地名称	国家	占地面积（平方千米）	年均风速（米/秒）	装机容量（兆瓦）	年发电量（吉瓦时）	总投资（百万美元）	度电成本（美分/千瓦时）
1	英国安格斯风电基地	英国	298	7.74	360	1237	349	2.66
2	英国东部海域风电基地	英国	6707	9.29	33500	146776	55731	5.59

续表

序号	基地名称	国家	占地面积（平方千米）	年均风速（米/秒）	装机容量（兆瓦）	年发电量（吉瓦时）	总投资（百万美元）	度电成本（美分/千瓦时）
3	比利时海域风电基地	比利时	1265	9	6300	26513	10187	5.65
4	荷兰海域风电基地	荷兰	1707	9.84	8500	40249	15579	5.7
5	德国西北海域风电基地	德国	3181	9.85	15900	75779	28318	5.5
6	丹麦西部海域风电基地	丹麦	1702	10.03	8500	41502	13716	4.86
7	挪威南部海域风电基地	挪威	1682	10.23	8400	41916	16002	5.62
8	丹麦东部海域风电基地	丹麦	902	9.14	4500	19955	6960	5.13
9	波兰海上风电基地	波兰	2925	8.86	14600	60913	22689	5.48
10	立陶宛海上风电基地	立陶宛	602	8.87	3000	12577	4880	5.71
11	拉脱维亚海上风电基地	拉脱维亚	701	8.73	3500	14333	5410	5.55
12	爱沙尼亚海上风电基地	爱沙尼亚	441	8.68	2200	8990	3473	5.69
13	芬兰海上风电基地	芬兰	1142	8.4	5700	21875	8885	5.98
14	瑞典海上风电基地	瑞典	2365	8.63	11800	47940	18608	5.71
15	挪威海风电基地	挪威	1062	8.39	5100	18800	8022	6.32
16	格陵兰风电基地	丹麦、冰岛	2801	9.84	14000	55675	26822	7.08
17	巴伦支海风电基地	俄罗斯、挪威	4128	7.79	12300	45223	17390	5.24

（2）能源互联方面

洲内互联： 加快推进欧洲跨国电网互联工程，连接北海、波罗的海、挪威海、巴伦支海风电基地和北欧水电基地。建设汇集北海、挪威海、格陵兰岛周边区域海上风电及北欧水电的 ±800 千伏直流电网，汇集波罗的海、巴伦支海区域海上风电的 ±800/±660 千伏直流电网。西欧、南欧、东欧建设网格型 ±800/±660 千伏直流环网，大规模受入清洁能源并实现各国间互补互济。

跨洲互联： 经伊比利亚半岛、亚平宁半岛、巴尔干半岛通过 ±800/±660 千伏直流受入北非、西亚清洁电力；通过 ±800 千伏直流接受中亚电力，实现亚欧非电力互补互济。

电力流规模： 到 2035、2050 年，跨洲跨区电力流规模分别达到 8500 万、1.33 亿千瓦。

3 非洲

（1）能源开发方面

大力开发光、风、水等清洁能源基地，力争到 2035、2050 年，清洁能源消费占一次能源消费的比重达到 40%、64%；清洁能源装机容量达到 7 亿、20 亿千瓦，占电力总装机比重达 70%、90%。

光伏基地开发： 加快开发非洲中北部撒哈拉沙漠及周边地区、南部大西洋沿岸地区和东部非洲部分内陆地区的 21 个大型光伏基地（见表 6.4），总装机规模约 0.9 亿千瓦，年发电量 0.2 万亿千瓦时，总投资约 480 亿美元，度电成本为 1.9~2.3 美分/千瓦时。

风电基地开发： 加快开发非洲北部撒哈拉沙漠及周边地区、南部大西洋沿岸地区和东部非洲部分内陆地区的 12 个大型风电基地（见表 6.5），总装机规模约 2140 万千瓦，年发电量 681 亿千瓦时，总投资约 200 亿美元，度电成本为 1.8~3.6 美分/千瓦时。

表 6.4　非洲大型光伏基地信息

序号	基地名称	国家	占地面积（平方千米）	年均辐射强度（千瓦时/平方米）	装机容量（兆瓦）	年发电量（吉瓦时）	总投资（百万美元）	度电成本（美分/千瓦时）
1	明亚	埃及	152	2290	10000	20748	4958	1.89
2	阿斯旺	埃及	131	2375	10000	20605	5222	2.04
3	瓦尔格拉	阿尔及利亚	82	2080	5000	9142	2449	2.12
4	艾格瓦特	阿尔及利亚	138	2029	8000	14640	4257	2.3
5	乔什	利比亚	87	2098	5000	9381	2551	2.15
6	扎格	摩洛哥	57	2200	4000	7654	2194	2.27
7	扎古拉	摩洛哥	45	2189	3000	5766	1454	2.01
8	雷马达	突尼斯	154	2092	8000	15078	4114	2.16
9	阿加德兹	尼日尔	26	2294	2300	4478	1118	1.98
10	卡伊	马里	28	2103	2000	3514	952	2.14
11	罗索	毛里塔尼亚	20	2156	1500	2700	719	2.11
12	瓦加杜古	布基纳法索	25	2128	2000	3561	953	2.12
13	卡诺	尼日利亚	158	2180	7000	13011	3690	2.24
14	栋古拉	苏丹	23	2342	2000	3934	964	1.94
15	达米尔	苏丹	22	2314	2000	3906	973	1.97
16	德雷达瓦	埃塞俄比亚	21	2333	2000	3954	968	1.94
17	南霍尔	肯尼亚	29	2349	2000	3940	1155	2.32
18	卡拉斯堡	纳米比亚	64	2371	4000	8514	1931	1.85
19	察邦	博茨瓦纳	34	2246	2000	4051	1065	2.08
20	比勒陀利亚	南非	169	2058	10000	18738	5324	2.25
21	卢班戈	安哥拉	28	2320	2000	4030	963	1.89

表6.5 非洲大型风电基地信息

序号	基地名称	国家	占地面积（平方千米）	年均风速（米/秒）	装机容量（兆瓦）	年发电量（吉瓦时）	总投资（百万美元）	度电成本（美分/千瓦时）
1	马特鲁	埃及	1002	6.69	5000	13201	4385	3.13
2	米苏拉塔	利比亚	207	6.48	1000	3024	876	2.73
3	加贝斯	突尼斯	278	7.51	1000	3338	878	2.48
4	盖尔达耶	阿尔及利亚	302	6.78	1500	4169	1429	3.23
5	扎格	摩洛哥	588	8.12	1500	5335	1402	2.47
6	红海	苏丹	315	9.8	1000	4897	908	1.75
7	杜伟姆	苏丹	208	7.73	1000	3542	872	2.32
8	吉吉加	埃塞俄比亚	302	7.75	1200	3995	1533	3.61
9	北霍尔	肯尼亚	444	10.68	1200	6784	1509	2.09
10	吕德里茨	纳米比亚	208	6.59	1000	2798	952	3.2
11	弗雷泽堡	南非	1584	7.21	5000	14481	4399	2.86
12	奥拉帕	博茨瓦纳	252	6.22	1000	2563	885	3.25

水电基地开发： 重点开发刚果河、尼罗河、赞比西河和尼日尔河 4 个水电基地，总装机规模超过 1.4 亿千瓦，年发电量约 0.8 万亿千瓦时。

（2）能源互联方面

洲内互联： 加快建设北部、中部和西部、东部和南部非洲三个同步电网，同步电网之间通过超/特高压直流实现异步联网。升级三大同步电网为超/特高压交直流混合电网，各同步电网内部实现 1000/765/500/400 千伏等交流跨国联网。加强同步电网间 ±1100 千伏特高压直流、多回 ±800 千伏特高压直流和 ±660 千伏直流异步联网，实现大型清洁能源基地直接送电主要负荷中心。到 2050 年实现除岛屿国家外大部分国家和区域电网互联。

跨洲互联： 加强与欧洲、西亚电网互联，重点建设摩洛哥—葡萄牙、阿尔及利亚—法国、突尼斯—意大利、埃及—希腊—意大利等非洲向欧洲送电的 7 回直流输电工程，以及埃及—沙特、埃塞俄比亚—沙特等非洲与西亚电力互补互济的 3 回直流输电工程。

电力流规模： 到 2035、2050 年，跨洲跨区电力流规模分别达到 6700 万、1.41 亿千瓦。

4 北美洲

（1）能源开发方面

大力发展太阳能、风能等清洁能源，力争到 2035、2050 年清洁能源消费占一次能源消费的比例达到 47%、82%；清洁能源装机容量达到 33 亿、64 亿千瓦，占电力总装机比重达到 86%、96%。

光伏基地开发： 加快美国西南部和墨西哥等地区的 10 个大规模光伏基地建设（见表 6.6），总装机规模约 1.1 亿千瓦，年发电量 0.2 万亿千瓦时，总投资约 575 亿美元，度电成本为 2.0~2.9 美分/千瓦时。

表 6.6 北美洲大型光伏基地信息

序号	基地名称	国家	占地面积（平方千米）	年均辐射强度（千瓦时/平方米）	装机容量（兆瓦）	年发电量（吉瓦时）	总投资（百万美元）	度电成本（美分/千瓦时）
1	米德兰	美国	231	2026	10000	19220	5096	2.15
2	布法罗	美国	1176	1828	40000	71086	21360	2.44
3	锡拉丘兹	美国	1000	1821	20100	36199	10574	2.37
4	罗斯维尔	美国	112	2046	5000	9946	3034	2.47
5	布拉夫	美国	96	1985	4100	7812	2112	2.19
6	海伦代尔	美国	225	2198	6000	12611	3100	1.99
7	卢塞恩瓦利	美国	189	2194	6100	12651	3632	2.33
8	阿帕钦甘	墨西哥	77	2147	4000	7696	1985	2.09
9	里奥格兰德	墨西哥	94	2209	4000	8238	2197	2.16
10	利伯塔德港	墨西哥	179	2223	6000	12216	4406	2.93

风电基地开发： 加快美国中部、美国东北部沿海和西北部沿海地区以及加拿大东部地区的 12 个大型风电基地建设（见表 6.7），总装机规模 1.4 亿千瓦，年发电量 0.5 万亿千瓦时，总投资约 1780 亿美元，其中陆上风电基地的度电成本为 3.1~4.8 美分/千瓦时，海上风电基地的度电成本为 5.3~6.9 美分/千瓦时。

表 6.7 北美洲大型风电基地信息

序号	基地名称	国家	占地面积（平方千米）	年均风速（米/秒）	装机容量（兆瓦）	年发电量（吉瓦时）	总投资（百万美元）	度电成本（美分/千瓦时）
1	马丁	美国	6485	7.26	18000	55867	18120	3.31
2	亚瑟	美国	7585	7.37	18000	56751	18329	3.3
3	加登城	美国	8483	7.22	18000	54544	16568	3.1
4	弗拉格斯塔夫	美国	1496	6.42	4000	10193	3769	3.78
5	塔霍卡	美国	3582	7.21	9000	27668	8214	3.03
6	克雅诺	加拿大	5183	7.27	10000	31561	12155	3.93
7	尼切昆	加拿大	7410	7.57	8000	26236	12410	4.84
8	马尼夸根	加拿大	4869	7.4	8000	25856	10856	4.29
9	俄勒冈州	美国	1003	8.05	5000	17570	8818	6.88
10	马萨诸塞州、罗得岛州、康涅狄格州	美国	2002	9.09	10000	42373	16336	5.29
11	纽约州	美国	3007	8.83	15000	61335	26686	5.97
12	新泽西州	美国	3002	8.62	15000	58960	25245	5.87

（2）能源互联方面

洲内互联：加快建设北美东部电网、北美西部电网和魁北克电网三个同步电网。北美东部电网加强五大湖 765 千伏主网架，建设覆盖东海岸和东南部负荷中心的 1000 千伏骨干电网，并通过 500 千伏交流与得州电网同步互联。北美西部电网沿西海岸建设 1000 千伏交流输电通道，汇集北部风电、水电向南部负荷中心输送，并进一步与墨西哥 1000 千伏交流电网互联。魁北克电网维持与北美东部电网异步互联，加强魁北克水电、风电特高压外送通道，提升向北美东部电网送电的能力。

跨洲互联：建设墨西哥—秘鲁 ±800 千伏直流输电通道，实现与南美洲电力互补互济。

电力流规模：到 2035 年，跨国跨区电力流规模约 1 亿千瓦，其中跨国电力流规模 2900 万千瓦；2050 年，跨洲跨国跨区电力流达到 2 亿千瓦，跨国电力流规模达到 6600 万千瓦，跨洲电力流规模 1000 万千瓦。

5 中南美洲

（1）能源开发方面

大力开发光、风、水等清洁能源，力争到 2035、2050 年，清洁能源占一次能源消费总量的比重达到 49%、82%，清洁能源装机容量达到 7 亿、17 亿千瓦，占电力总装机比重达到 72%、91%。

光伏基地开发： 加快中南美洲西南部的阿塔卡玛沙漠及周边地区、南美洲东北部地区和西北部部分内陆地区的 15 个大规模光伏基地建设（见表 6.8），总装机规模约 0.9 亿千瓦，年发电量 0.2 万亿千瓦时，总投资约 420 亿美元，度电成本为 1.7~2.3 美分/千瓦时。

表 6.8　中南美洲大型光伏基地信息

序号	基地名称	国家	占地面积（平方千米）	年均辐射强度（千瓦时/平方米）	装机容量（兆瓦）	年发电量（吉瓦时）	总投资（百万美元）	度电成本（美分/千瓦时）
1	艾尔蓬松	委内瑞拉	62	2075	5000	8732	2408	2.24
2	艾尔卡尔瓦里奥	委内瑞拉	60	2069	5000	8721	2431	2.26
3	安日库斯	巴西	183	2093	10000	17501	4710	2.18
4	阿丰苏贝泽拉	巴西	186	2107	10000	17661	4741	2.18
5	奥古斯托-塞韦德	巴西	191	2208	10000	18390	4689	2.07
6	阿卡塔玛	秘鲁	46	2407	4000	8616	1872	1.76
7	阿卡塔玛	玻利维亚	70	2400	5000	11228	2338	1.69
8	埃尔莫雷诺	阿根廷	56	2611	4000	9777	2115	1.76
9	帕约加斯塔	阿根廷	115	2415	4950	11399	2486	1.77
10	卡奇	阿根廷	86	2420	5000	11294	2495	1.79
11	瓦拉	智利	71	2562	6000	13662	2828	1.68
12	拉古纳斯	智利	75	2538	6100	13752	2912	1.72
13	基亚瓜	智利	74	2564	6100	13863	2896	1.7
14	玛丽亚埃伦娜	智利	72	2608	6000	13871	2813	1.65
15	圣安娜	萨尔瓦多	11	2231	700	1377	336	1.98

风电基地开发： 加快阿根廷南部、巴西东北部和哥伦比亚临近加勒比海等地区的 9 个大规模风电基地建设（见表 6.9），总装机规模约 1 亿千瓦，年发电量 0.4 万亿千瓦时，总投资约 886 亿美元，度电成本为 1.8~3.5 美分/千瓦时。

表 6.9　中南美洲大型风电基地信息

序号	基地名称	国家	占地面积（平方千米）	年均风速（米/秒）	装机容量（兆瓦）	年发电量（吉瓦时）	总投资（百万美元）	度电成本（美分/千瓦时）
1	巴耶杜帕尔	哥伦比亚	2558	6.89	10000	31981	8623	2.75
2	巴西巴伊亚	巴西	6140	7.04	20000	59182	17768	3.07
3	巴西帕拉伊巴	巴西	7184	7.29	20000	62216	17337	2.85
4	库鲁瓜提	巴拉圭	1019	6.25	4000	10715	3641	3.47
5	塔垮伦博	乌拉圭	638	6.46	2000	5663	1703	3.07
6	内格罗河	阿根廷	6170	8.93	18000	70188	16180	2.35
7	丘布特	阿根廷	8010	10.58	15000	72899	13974	1.96
8	圣克鲁斯	阿根廷	3857	10.58	10000	49142	8739	1.82
9	博阿科	尼加拉瓜	456	7.68	700	2440	610	2.56

水电基地开发： 重点开发奥里诺科河和托坎廷斯河等流域的 14 个水电基地，总装机规模约 0.6 亿千瓦，年发电量 0.3 万亿千瓦时。

（2）能源互联方面

洲内互联： 南美东部和西部、南美南部、中美洲三大同步电网，加勒比地区实现跨岛交流或直流联网。三大同步电网均升级为超高压或特高压交直流混合电网，各国全部实现 500/400 千伏交流跨国联网。同步电网间通过多回 ±800 千伏特高压直流和 ±500 千伏直流加强异步联网，实现中南美洲大型清洁能源基地与负荷中心连接。加勒比地区到 2050 年实现大部分国家和地区电网互联，并通过巴哈马—佛罗里达跨海联网工程实现与北美洲电网互联。

跨洲互联:与北美洲电网之间通过±800千伏特高压直流通道实现互联,实现南北美洲丰枯互济,进一步扩大清洁电力互补互济范围。

电力流规模:到2035、2050年,跨洲跨区跨国电力流总规模分别达到3600万、9100万千瓦。

6 大洋洲

(1)能源开发方面

大力推动光、风、水等清洁能源开发,在图瓦卢、瑙鲁等岛国加大分布式光伏等清洁能源开发力度,力争到2035、2050年清洁能源消费占一次能源消费的比例达到48%、88%;清洁能源装机容量达到3亿、7亿千瓦,占电力总装机比重达到90%、99%。

光伏基地开发:加快推进澳大利亚的北部、中部和西部等地区的5个大型光伏发电基地建设(见表6.10),总装机规模约2000万千瓦,年发电量约385亿千瓦时,总投资约97亿美元,度电成本为1.9~2.3美分/千瓦时。

表6.10　大洋洲大型光伏基地信息

序号	基地名称	国家	占地面积（平方千米）	年均辐射强度（千瓦时/平方米）	装机容量（兆瓦）	年发电量（吉瓦时）	总投资（百万美元）	度电成本（美分/千瓦时）
1	北领地	澳大利亚	26	2224	2000	3859	918	1.93
2	昆士兰北	澳大利亚	54	2096	4000	7598	1857	1.98
3	昆士兰南	澳大利亚	69	2011	4000	7432	2086	2.28
4	南澳州	澳大利亚	76	2101	4000	7787	2085	2.17
5	西澳州	澳大利亚	109	2138	6000	11784	2791	1.92

风电基地开发:加快推进澳大利亚西南部和新西兰南岛南部地区的5个大规模风电基地建设(见表6.11),总装机规模1420万千瓦,年发电量485亿千瓦时,总投资约159亿美元,度电成本为2.9~5.6美分/千瓦时。

表 6.11　大洋洲大型风电基地信息

序号	基地名称	国家	占地面积（平方千米）	年均风速（米/秒）	装机容量（兆瓦）	年发电量（吉瓦时）	总投资（百万美元）	度电成本（美分/千瓦时）
1	西澳	澳大利亚	1017	7.39	4000	13174	4116	3.19
2	新南威尔士	澳大利亚	1924	7.21	6000	18673	5931	3.24
3	塔斯马尼亚	澳大利亚	600	8.81	3000	12577	4650	5.61
4	奥塔戈	新西兰	509	7.73	600	2002	574	2.93
5	惠灵顿	新西兰	430	7.96	600	2046	588	2.93

水电基地开发： 重点开发普拉里河、弗莱河、克鲁萨河等流域的 3 个水电基地，总装机规模约 2400 万千瓦，年发电量 1100 亿千瓦时。

（2）能源互联方面

洲内互联： 加快建设澳大利亚东部和西部，新西兰北部和南部，以及巴布亚新几内亚主岛等 5 个同步电网。澳大利亚东部昆士兰州、新南威尔士州、维多利亚州和南澳大利亚州建设 500 千伏交流主网架，升级西部西澳地区 330/275 千伏电网至 500 千伏，支撑制造业发展需求。以新西兰北岛现有 400 千伏电网为基础，扩建覆盖北部地区的 400 千伏主网架，升级南岛现有 220 千伏电网至 400 千伏，支撑更大规模水电汇集送出。建设巴布亚新几内亚 400 千伏交流主网架，加强斐济、所罗门群岛、瓦努阿图等国本地输配电网和微电网建设，提高电力普及率和系统供电能力，促进分布式清洁能源消纳。

跨洲互联： 建设澳大利亚北领地太阳能基地送电印度尼西亚负荷中心的 ±800 千伏直流输电工程。

电力流规模： 到 2035、2050 年，跨国跨洲电力流总规模分别为 100 万、1000 万千瓦。

6.1.2　加快能源消费侧减排

大力实施以电代煤、以电代油、以电代气等，推动电能成为终端能源中的主导能源；加快智能电网等电网基础设施建设，保障供电可靠性。到 2035、2050 年，电能在终端能源消费中的占比分别达到 33%、62%。到 21 世纪末，电能替代累计减排二氧化碳 1.1 万亿吨。

1 亚洲

能源消费领域。加快以电代煤、以电代油、以电代气，加快电动汽车普及，大力推广工业电锅炉、电窑炉，提升亚洲终端能源电能的比重。到 2035 年左右，电能超过石油成为占比最高的终端能源品种；到 2050 年，电能占终端能源的比重从目前的 22% 提高到 51%，如图 6.2 所示。

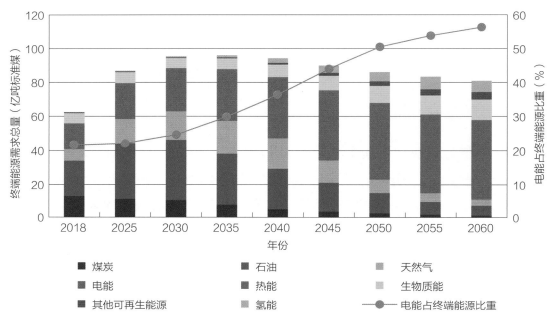

图 6.2　亚洲终端能源各品种需求和电能占比预测

电网领域。大力推广应用储能、柔性输电、智能用电等技术，加快智能电能表安装进度，到 2050 年实现亚洲智能电能表全覆盖，促进电能服务智能双向互动；提升东亚、东南亚、南亚等地区电网系统的信息化、自动化和智能化水平，积极采用先进智能监测设备，增强电网在线监测能力以及电网对新能源发电系统的优化管理能力，提升电网新能源消纳水平，到 2050 年，满足亚洲 195 亿千瓦清洁能源发电装机安全稳定运行要求。

2 欧洲

能源消费领域。大力推动以电代气、以电代油，加快电动交通、工业电锅炉、电窑炉等应用普及，推动屋顶光伏发电、储能和电气化智慧家庭发展，提升欧洲终端能源中电能比重，2030 年左右电能成为占比最高的终端能源品种。2018—2050 年，欧洲电能占终端能源的比重从 22%提高到 52%，如图 6.3 所示。

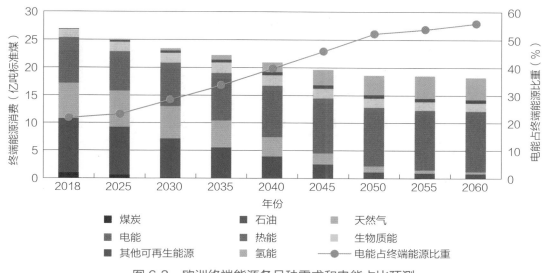

图 6.3　欧洲终端能源各品种需求和电能占比预测

电网领域。加快储能、虚拟电厂、V2G 等技术发展，平抑大规模清洁能源发电接入的波动性，提高电网运行的智能化及安全性；提升海上风力发电系统的智能功率预测水平，提高预测精度到 95%以上；普及智能家居、智能出行、智能电能表等应用，2050 年前实现欧洲智能电能表 100%覆盖，提高电网接纳新能源发电能力，到 2050 年，满足欧洲 46 亿千瓦清洁能源发电装机安全稳定运行要求。

3 非洲

能源消费领域。大力提升非洲电力普及率及终端能源使用效率，着重解决非洲商品能源利用率低、电力普及程度不足的问题，加快终端电能替代。2035年前后电能超过生物质能和石油成为非洲占比最高的终端能源品种。2018—2050 年，电能占终端能源的比重从 9%提高到 34%。非洲终端能源各品种需求和电能占比如图 6.4 所示。

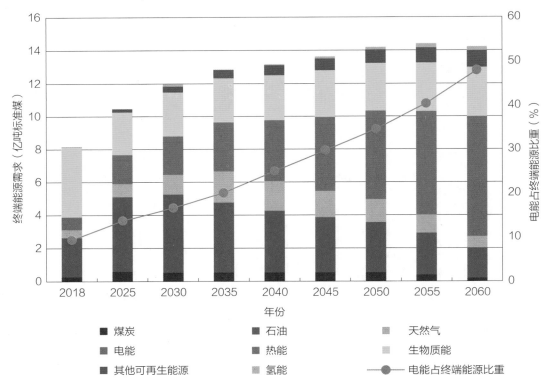

图 6.4　非洲终端能源各品种需求和电能占比预测

电网领域。加快非洲欠发达国家和地区的配电网建设，大幅提升配电网覆盖范围和供电可靠性；优化配电网结构和运行方式，到 2050 年将非洲电网损耗降低至 10%以下；加快智能电能表推广应用，到 2050 年，非洲智能电能表普及率超过 70%；提升电网自动化水平，实现各区域集中式清洁电源的优化接入和高效消纳，到 2050 年，满足非洲 20 亿千瓦清洁能源发电装机安全稳定运行要求。

4　北美洲

能源消费领域。大力实施以电代油、以电代气，控制能源消费总量，推广工业电锅炉、电窑炉应用技术，加快电动交通和电采暖、电制冷等普及应用，提升北美洲电能在终端能源中的占比。到 2035 年左右，电能超越石油成为北美洲终端比重最高的能源品种。到 2050 年，电能占终端能源的比重从目前的 21%提高到 56%，如图 6.5 所示。

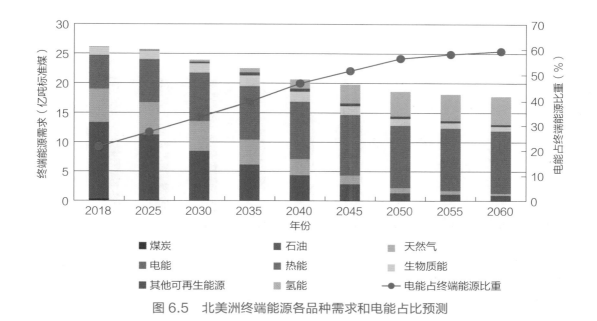

图 6.5 北美洲终端能源各品种需求和电能占比预测

电网领域。加快北美洲老旧电网基础设施升级改造及电网互联互通，着力提升电网的灾害适应能力；加快计算通信技术在电网中的应用和电动汽车分布式储能等技术发展，提升配电网智能自动化水平，提高电力系统适应性和清洁能源消纳水平；加强集中式和分布式清洁能源的协同管理，建立稳定安全、经济高效、环境友好智能电网系统，到 2050 年，满足北美洲 64 亿千瓦清洁能源发电装机安全稳定运行要求。

5 中南美洲

能源消费领域。在采矿业、冶金业、制造业各环节推广使用高效机电设备和电锅炉、电窑炉技术，推动电动汽车稳步发展，大力推广电炊具、电热水器、电采暖等生活电器，实施以电代气、以电代柴，提升电能在中南美洲终端能源中的比重，2035 年左右电能超越石油、天然气成为占比最高的终端能源品种。2018—2050 年，电能占终端能源的比重从 18% 提高到 46%，如图 6.6 所示。

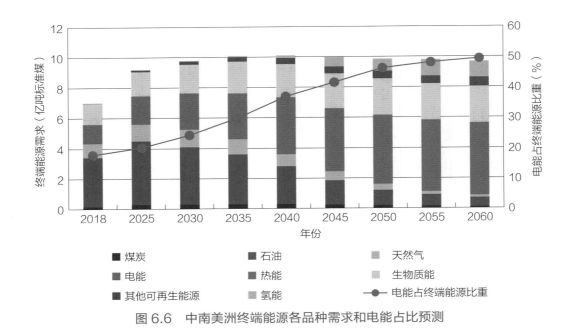

图 6.6　中南美洲终端能源各品种需求和电能占比预测

电网领域。推广大容量储能技术，特别是抽水蓄能、电池储能等应用与发展，提升电网调节能力；推广应用智能电能表，到 2050 年中南美洲智能电能表普及率提升至 90% 以上；加快现代信息技术和自动化控制技术在电网中的普及应用，提升电网智能化水平和清洁能源消纳能力，实现各地集中式电源的优化接入和高效消纳，到 2050 年，满足中南美洲 17 亿千瓦清洁能源发电装机安全稳定运行要求。

6 大洋洲

能源消费领域。加快推动以电代油、以电代气、以电制氢，改变终端能源消费结构；加快电动交通和工业电锅炉、电窑炉应用技术普及，实施电气化轨道交通改造升级，提升大洋洲终端能源中电能的占比，2040 年前电能成为大洋洲终端能源占比最高的终端能源品种。2018—2050 年，电能占终端能源的比重从 22% 提高到 42%，如图 6.7 所示。

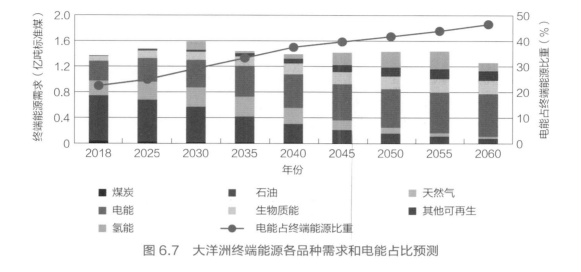

图 6.7　大洋洲终端能源各品种需求和电能占比预测

电网领域。加快电网基础设施升级改造，提高电网对气候变化极端天气的适应能力；推动电制氢、储能等技术发展和应用，增强电网调节能力；提升电网的运行控制和调度智能化水平，保障高比例清洁能源安全可靠接入，到 2050 年，满足大洋洲 7 亿千瓦清洁能源发电装机安全稳定运行要求。

6.1.3　积极实施负排放措施

积极推动碳捕集、利用与封存项目开发、示范和应用，重点在全球范围内推广水泥和钢铁生产、化石燃料燃烧、垃圾焚烧和发电等行业产生的二氧化碳捕集、利用与封存。到 2050 年，碳捕集、利用与封存每年减排二氧化碳 100 亿吨；到 21 世纪末，累计减排二氧化碳 0.5 万亿吨。

专栏 6-1　碳捕集、利用与封存发展前景

截至 2020 年年底，全球共有 65 个大型碳捕集、利用与封存（CCUS）项目，其中 28 个项目正在运行，在运项目的年减排能力已达到 4000 万吨/年（见图 1），此外还有 37 个大规模 CCUS 项目处于在建或开发阶段。

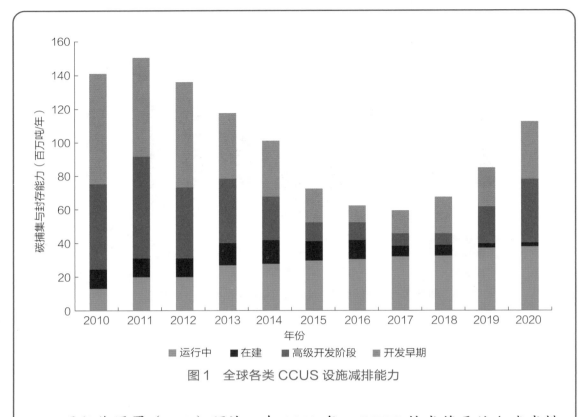

图 1　全球各类 CCUS 设施减排能力

国际能源署（IEA）预计，在 2050 年，CCUS 技术将贡献全球减排量的 10%以上，并且如果不采用 CCUS 技术，将很难完成减排和《巴黎协定》温升控制目标。

6.2　全球能源互联网促进环境治理方案

构建全球能源互联网，推动煤炭、石油、天然气等化石能源需求尽早达峰，并降低化石能源的峰值需求，加快化石能源退出；推广以电为中心的绿色用能格局，促进绿色交通、绿色工业、绿色生活、绿色氢能发展；加快清洁能源与污染物处理一体化发展，减少水、大气、固体等污染物排放，改善生态环境。

6.2.1　加快化石能源退出

控制全球煤炭需求在 2021 年达峰，峰值需求 54 亿吨标准煤，到 2050 年

降至 6.8 亿吨标准煤，占全球一次能源需求总量的 2%；控制全球石油需求在
2025 年前达峰，峰值需求 70 亿吨标准煤，到 2050 年降至 20.5 亿吨标准煤，
占全球一次能源需求总量的 7%；控制全球天然气需求在 2035 年前达峰，峰值
需求 55 亿吨标准煤，到 2050 年降至 21.3 亿吨标准煤，占全球一次能源需求
总量的 7%。化石能源占一次能源的比重从 2016 年的 76% 降至 2050 年的 30%
以下。

1　亚洲

加快亚洲化石能源退出，推动煤炭需求在 2025 年前达峰，石油、天然气
需求在 2035 年前达峰。控制煤炭峰值需求在 42 亿吨标准煤左右，2025 年后
煤炭需求快速下降，2050 年降至 6 亿吨标准煤，较峰值下降 87%；控制石油、
天然气峰值需求分别为 40 亿、31 亿吨标准煤，2050 年需求分别为 13 亿、12
亿吨标准煤。到 2050 年，亚洲一次能源需求中煤炭、石油和天然气比重分别
降至 3.4%、8.4% 和 7.6%（见图 6.8），化石能源在一次能源消费中的比重降
至 20% 以下，每年减少排放二氧化硫 3080 万吨、氮氧化物 2750 万吨、细颗
粒物 650 万吨。

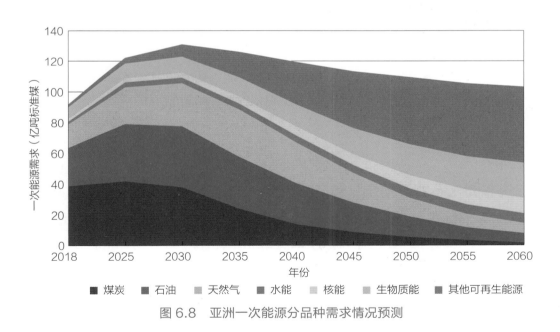

图 6.8　亚洲一次能源分品种需求情况预测

2 欧洲

　　加快欧洲化石能源退出，推动天然气能源需求在 2025 年前达峰，石油、煤炭需求快速下降。2018—2050 年，欧洲化石能源需求由 29.5 亿吨标准煤下降至 3.7 亿吨标准煤，煤炭、石油、天然气分别下降 100%、90%、80%。到 2050 年，欧洲化石能源在一次能源消费中的比重降至 10% 左右（见图 6.9），每年减少排放二氧化硫 680 万吨、氮氧化物 1550 万吨、细颗粒物 150 万吨。

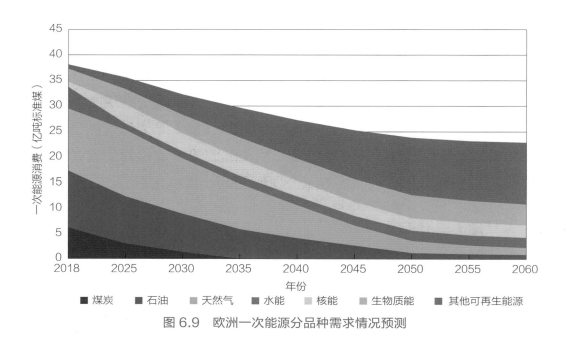

图 6.9　欧洲一次能源分品种需求情况预测

3 非洲

　　加快非洲化石能源退出，推动煤炭需求在 2030 年前达峰，峰值约 1.7 亿吨标准煤；石油需求峰值控制在 5.5 亿吨标准煤以内；天然气峰值需求控制在 4 亿吨标准煤以内。到 2050 年，非洲化石能源在一次能源消费中的比重降至 30% 以下（见图 6.10）；每年减少排放二氧化硫 300 万吨、细颗粒物 70 万吨。

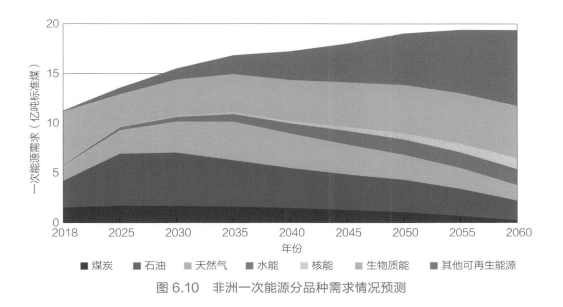

图 6.10 非洲一次能源分品种需求情况预测

4 北美洲

　　加快北美洲化石能源退出，推动天然气需求在 2025 年前达峰，石油、煤炭需求稳步下降。2018—2050 年，北美洲煤炭需求由 5.3 亿吨标准煤降至零，煤炭完全退出北美洲市场；石油、天然气需求分别由 14.3 亿、11.4 亿吨标准煤降至 1.4 亿、3.0 亿吨标准煤，降幅分别达 90%、74%。到 2050 年，北美洲化石能源在一次能源消费中的比重降至 10% 左右（见图 6.11），每年减少排放二氧化硫 700 万吨、氮氧化物 1900 万吨、细颗粒物 170 万吨。

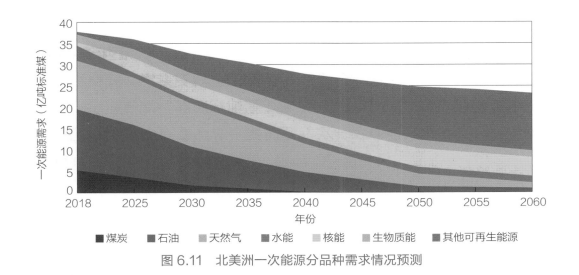

图 6.11 北美洲一次能源分品种需求情况预测

5 中南美洲

加快中南美洲化石能源退出，推动煤炭、石油需求在 2030 年前相继达峰，峰值需求控制在 0.6 亿、5.4 亿吨标准煤；控制中南美洲天然气需求在 2.5 亿吨以内。到 2050 年，中南美洲化石能源在一次能源消费中的比重降至 10%左右（见图 6.12），每年减少排放二氧化硫 310 万吨、氮氧化物 650 万吨、细颗粒物 70 万吨。

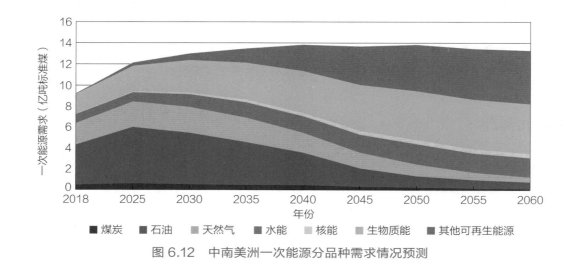

图 6.12　中南美洲一次能源分品种需求情况预测

6 大洋洲

加快大洋洲化石能源退出，推动石油需求在 2025 年前达峰，天然气、煤炭需求稳步下降。2018—2050 年，大洋洲煤炭需求从 0.64 亿吨标准煤降至 0.05 亿吨标准煤，降幅超过 90%；石油需求在 2025 年达到峰值约 0.7 亿吨标准煤，此后快速降至 2050 年 0.2 亿吨标准煤，降幅约 70%；天然气需求稳步下降，2050 年降至 0.1 亿吨标准煤，降幅超过 80%。到 2050 年，大洋洲化石能源在一次能源消费中的比重降至 10%以下（见图 6.13）；每年减少排放二氧化硫 80 万吨、氮氧化物 310 万吨、细颗粒物 33 万吨。

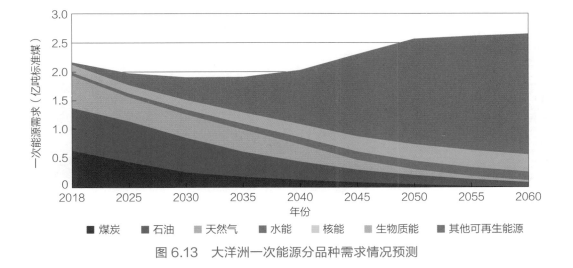

图 6.13 大洋洲一次能源分品种需求情况预测

专栏 6-2   **世界各国煤电退出、燃油车退出时间表**

  当前，世界各国纷纷推出煤电退出计划，全球煤电占比持续下降。2014 年至今，全球已有 30 余个国家和地区先后出台退煤政策（见表 1），其中法国计划 2023 年关闭所有燃煤电厂，英国决定于 2025 年前关闭所有煤电设施，荷兰、芬兰、加拿大决定 2030 年起禁止使用煤炭发电，煤电比例高达 35% 的德国计划最迟于 2038 年前关闭所有燃煤电厂。美国虽然宣布退出《巴黎协定》，但在过去十年燃煤发电量也大幅下降，2019 年已降至 42 年来的最低水平。中国和印度也大力推进煤炭产能结构优化，加大了对可再生能源的投入，减缓煤电增速。从发电成本看，煤电的成本优势在加速丧失，预计到 2022 年，全球 60% 的燃煤电厂相对可再生能源将不再具有价格竞争力，到 2025 年这一数据将升至 73%，其中欧洲有望在 2025 年达到 100%。在价格竞争和减排压力作用下，煤电退出的趋势已不可阻挡，预计未来煤电将加速退出全球能源体系。

表 1　世界各国/地区承诺淘汰煤电时间

国家	比利时	西班牙	新西兰	法国	意大利	奥地利
时间	2016 年	2020 年	2022 年	2023 年	2025 年	2020 年
国家	英国	爱尔兰	以色列	希腊	荷兰	芬兰
时间	2025 年	2025 年	2025 年	2028 年	2030 年	2030 年
国家	瑞典	葡萄牙	丹麦	匈牙利	瑞士	卢森堡
时间	2020 年	2030 年	2030 年	2030 年	2030 年	2030 年
国家	安哥拉	埃塞俄比亚	哥斯达黎加	智利	墨西哥	德国
时间	2030 年	2030 年	2030 年	2030 年	2030 年	2038 年

截至 2020 年年底，全球已有超过 20 个国家和地区宣布了禁售燃油车时间表（见表 2）。中国工信部在 2019 年提出，支持有条件的地方和领域开展城市公交出租先行替代、设立燃油汽车禁行区等试点，在取得成功的基础上统筹研究制定燃油汽车退出时间表。考虑到电动汽车在中国快速发展，燃油车未来逐步退出也将是大势所趋。

表 2　世界各国/地区承诺禁售燃油车时间

国家/地区	意大利罗马	法国巴黎	西班牙马德里	希腊雅典	墨西哥	挪威
时间	2024 年	2025 年	2025 年	2025 年	2025 年	2025 年
国家/地区	中国海南	荷兰	德国	印度	以色列	爱尔兰
时间	2030 年	2030 年	2030 年	2030 年	2030 年	2030 年
国家/地区	日本东京	丹麦	冰岛	斯洛文尼亚	瑞典	英国
时间	2030 年	2030 年	2030 年	2030 年	2030 年	2030 年
国家/地区	苏格兰	日本	加拿大魁北克	法国	西班牙	加拿大不列颠哥伦比亚
时间	2032 年	2035 年	2035 年	2040 年	2040 年	2040 年

6.2.2 倡导绿色用能方式

推动交通电气化发展、加快提升工业部门电能消费占比和居民生活用电水平，逐步使化石能源回归原材料属性，有效控制终端用能各领域污染物排放，通过清洁电能和绿色氢能让生态更宜居、生产更高效、生活更美好。

1 加快推动绿色交通发展

大力推动交通电气化，加快电动车、电气化铁路、港口岸电发展，控制交通部门的空气污染物排放，有效解决雾霾、酸雨等环境问题。到 2050 年，交通部门的电气化率超过 60%。

加快电动车发展和配套设施建设。积极推广电动汽车、电动摩托车、电动自行车等电气化交通工具，确保城市规划、区域规划与电动车充（换）电设施建设规划相结合；引导和整合社会资源，鼓励产业集聚、技术集成、资源集约；制定鼓励电动车发展的财政和税收政策。依托全球能源互联网，2050 年电动汽车渗透率提高到 85%。

提高铁路电气化率。加快高速电气化铁路建设和改造，减少内燃机车使用，减少运输业空气污染物排放；加速地铁、轻轨等城市轨道交通建设，有效缓解市内道路堵塞，减少人口密集的城市区域的空气污染物。

积极推动港口岸电建设。推动各国出台港口岸电扶持政策，加快岸电技术、装备、标准突破，建设岸基电源直接对船舶供电的示范工程并逐步推广实施，减少船舶在港停泊时的污染排放，解决港口污染问题。

2 加快推进绿色工业生产

加快工业部门绿色电能替代，鼓励推广电气化生产技术，加快提高主要工业行业的终端电能消费占比。到 2050 年，工业部门的电气化水平超过 50%。

分行业推进工业电气化。对于水泥和钢铁等高耗能、高排放行业，重点推广电炉炼钢、水泥电回转窑等技术和装备；在生产工艺需要热水（蒸汽）的各类行业，逐步推进蓄热式与直热式工业电锅炉替代燃煤锅炉；在金属加工、铸造、陶瓷、岩棉、微晶玻璃等行业，加快电窑炉推广应用。

加强统筹规划和配套政策制定。统筹制定工业电气化发展规划，明确发展目标、路径和重点，通过建设一批试点示范项目，提升工业企业电能替代的积极性和主动性。优化资金补贴使用机制，通过奖励、财政补贴、价格机制等方式，对符合条件的工业电能替代项目和技术研发予以支持。

3 加快推广绿色生活方式

积极推动居民取暖煤改电、气改电，推动居民生活用能方式绿色化，减少空气污染物，改善生存环境和生活品质。到 2050 年，居民生活电气化水平提高到 70%以上。

加大宣传推广力度。大力宣传电饭锅、电磁炉、电热膜、热泵等电采暖、电制冷设备的零排放、无污染以及高能效、高智能等优势，提高社会关注度和接受度。

加大政策支持力度。在电力基础设施薄弱的国家和地区，推动政府将提高居民电器普及率作为保障现代能源服务的重点举措，出台配套补贴政策，降低居民购置费用门槛，扩大居民生活电器普及率。

加大技术研发力度。加快智能家居、智能楼宇、储能、物联网等技术研发和应用，进一步提高电器设备能效，提高市场竞争力。

4 加快推动绿色氢能发展

大力提升绿电制氢、氢能发电等环节的能量转换效率，出台绿色氢能产业发展支持政策，加快加氢站等氢能基础设施建设和氢能产业配套，降低绿色氢能使用成本，在 2040—2050 年实现绿色氢能的广泛利用。

加强氢能发展政策支持。将绿色氢能发展纳入各国产业规划和能源政策，加快完善氢能源产业配套，因地制宜发展绿色可再生电能制氢产业，鼓励和支持绿色氢能在钢铁、化工、水泥等高耗能产业中的应用。

提升氢能全环节能量效率。在生产环节，开发高效、经济、清洁的绿电制氢方式，大幅提高电解水制氢的能量转化效率；在输送环节，推动压缩储氢、液态储氢和金属氢化物固态储氢技术发展，实现安全、高效、经济、轻便储氢；在使用环节，推动氢燃料电池技术创新发展，提升燃料电池能量转化效率，降低氢燃料电池能量系统成本。

拓展绿色氢能应用空间。 推动氢能汽车、船舶和飞机，以及氢能炼钢炉等绿色氢能领域创新发展；将绿色氢能作为高比例清洁能源系统的重要储能措施，加快百万千瓦、千万千瓦时的大规模绿氢储能项目建设。

专栏6-3　　　　　　**绿色氢能发展前景展望**

自20世纪90年代开始，日本、美国、欧洲和中国等国家先后制定了一系列支持氢能发展的战略和政策。

（1）日本在2004年将燃料电池列为国家新兴战略产业之一，并在2014年发布了《氢能源白皮书》和《氢能战略发展路线图》，目标到2040年，应用氢燃料电池的家用热电联供设备达到530万台，氢能汽车占新车销售份额50%～70%。

（2）美国能源部2001年发布了氢能愿景，2018年恢复《燃料电池投资税收抵免政策》，目标到2040年实现向使用氢作为燃料取代化石燃料的经济发展模式过渡。

（3）欧盟2003年制定了《欧盟氢能路线图》，并发布氢能与氢燃料电池技术发展愿景与规划，目标到2040年氢能汽车占新车销售份额的35%。2020年7月，欧盟委员会公布氢能的战略计划，指出"重点是开发出主要利用风能和太阳能生产的可再生氢"，目标是2020—2024年，支持在欧盟安装至少6吉瓦的可再生氢电解槽，并生产多达100万吨的可再生氢；2025—2030年，氢能必须成为综合能源系统的内在组成部分，在欧盟至少要有40吉瓦的可再生氢电解槽和多达1000万吨的可再生氢产能。

（4）中国在2001年发布的《"十五"国家"863"计划重大专项》中，指出发展氢燃料电池技术，并在2012年发布《节能与新能源汽车产业发展规划》，2018年发布氢能汽车财政补贴方案，最高可达100万元/辆，目标到2030年实现百万辆氢能汽车商业化应用，并建成1000座加氢站。

近期发布的《第十四个五年规划和 2035 远景目标》中，提出氢能与储能等前沿科技和产业变革领域，组织实施未来产业孵化与加速计划，谋划布局一批未来产业。

（5）荷兰在 2020 年 4 月发布国家级氢能政策，计划到 2025 年，建设 50 个加氢站、投放 1.5 万辆燃料电池汽车和 3000 辆重型汽车；到 2030 年投放 30 万辆燃料电池汽车。

（6）德国在 2020 年 6 月通过了国家氢能源战略，为清洁能源未来的生产、运输、使用和相关创新、投资制定了行动框架。

（7）澳大利亚联邦科学与工业研究组织（CSIRO）于 2018 年发布报告《国家氢能路线图》，预测到 2030 年澳大利亚绿氢制备成本将下降至 2 美元/千克左右，同时中国、日本、韩国等东亚国家的绿氢需求将超过 380 万吨，出口绿氢每年将为澳大利亚创造超过 100 亿澳元的收入。

6.2.3 促进污染物清洁处理

实施"污水处理+光伏发电"一体化工程。推广在污水处理厂上方及周边区域架设光伏发电系统的"污水处理+光伏发电"模式，利用清洁能源处理污水，同时发挥光伏板阳光遮挡作用抑制藻类生长，降低污水处理成本，提高污水处理效率。

实施垃圾清洁发电工程。通过高温焚烧或沼气发电，实现生活垃圾无害化、减量化、资源化处理，提升节能效益，防控生活垃圾等废弃物产生的水、土壤等环境污染。

专栏 6-4 中国郑州"污水处理+光伏发电"工程

水污染处理工厂一般占地面积较大，且较为空旷，在光照适宜地区具备安装太阳能光伏板的有利条件（见图 1）。中国郑州马头岗地区已建成亚洲最大的"污水处理+光伏发电"的现代化污水处理工厂。

马头岗污水处理工厂占地面积 1057 亩，总投资约 16 亿元，设计污水处理规模达 60 万立方米/日；厂区内已安装 15 万平方米的太阳能光伏板，总装机容量高达 1.7 万千瓦，年发电量超过 2000 万千瓦时，能满足污水处理厂全年四分之一以上的用电需求，减排粉尘等细颗粒环境污染物 5000 余吨，既降低了工厂用能成本，又改善了城市周边生态环境。

图 1 "污水处理+光伏发电"工程

6.3 全球能源互联网促进栖息地保护方案

构建全球能源互联网，促进垂直生态农业发展，大幅提升单位面积的粮食产量，减少农业用地并推动退耕还林还草实施；促进能源、交通、信息三网融合发展，实现三网枢纽共建和通道共享，提升土地资源利用效率，减少土地占用，增加城市绿色空间，保护生物栖息地的完整性和联通性；促进海岛微网建设，为小岛屿国家提供无污染、不间断的 100%绿色能源供应，促进岛屿生物栖息地保护。

6.3.1 加快高效生态农业发展

依托充足廉价的清洁电力，大力推动"清洁能源+垂直农业❶"的高效生态

---

❶ 垂直农业指使用室内养殖技术和控制环境农业技术，利用人造光控制、环境控制（湿度、温度、气体等）和施肥灌溉实现农业生产的种植方法。

农业发展，运用现代科学技术，促进水、氮、钾等物质和元素在农业生态系统内部的循环高效利用，减少甚至杜绝除虫剂、除草剂等农药使用，大幅提升单位面积的粮食产量，减少农业用地并实施退耕还林还草等行动，保护森林、草原、湿地等生物栖息地。

专栏 6-5 **"清洁能源+垂直农业"新模式**

构建全球能源互联网，以充足、经济、稳定供应的绿色电力推动"清洁能源+垂直农业"的高效生态农业发展。通过人造阳光实现光照控制，通过智能温度、湿度控制系统调节生长环境参数，可实现农作物全年处在最有利生长条件（见图1）。田野种出蔬菜需要30～60天，"清洁能源+垂直农业"只要10天。与传统农业相比，"清洁能源+垂直农业"所需的用水量足足减少了95%，单位面积产量提升300倍以上，能够实现农业生产的集约化、生态化，以更少的土地实现更多粮食生产，大幅减少农业生产土地占用，实现农业可持续发展和生物栖息地保护的协同。

图1　基于人工阳光的高效生态农业产业园

6.3.2　加快三网融合发展

能源网、交通网、信息网是人类社会最为重要的基础设施，全球每年90%以上的基础设施投资都流向这三大领域。基础设施建设和运营占用大量土地和空间，引发植被破坏、水土流失、通道阻隔等问题，还会产生大量废气、废水和噪声等污染，对生物多样性造成严重影响。推动能源、交通、信息三网融合发展，大力建设综合管廊、多站融合、光伏公路、共享杆塔、电力光纤等，实现三网的通道、设施和终端共建共享，提升资源利用效率，减少土地和空间占用，促进基础设施与生态环境协同发展，最大程度减少对生物多样性的破坏，打造生态友好型绿色基础设施体系。

专栏6-6　　　　**三网融合的内涵与价值**

　　能源网、交通网、信息网就像人的血液系统、四肢系统和神经系统，只有协同合作，才能实现高效运转（见图1）。三网融合即能源网、交通网、信息网由条块分割的各自发展转变为集成共享的协同融合发展，在形态功能上深度耦合，形成广泛互联、智能高效、清洁低碳和开放共享的新型综合基础设施体系，实现能源流、人流/物流、信息流的高效协同和价值倍增，是更具资源配置力、产业带动力、价值创造力的发展模式，是基础设施发展的高级形态。

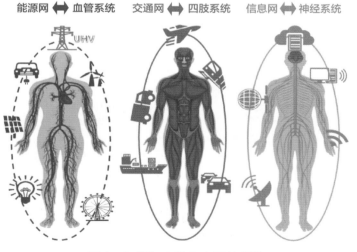

能源网 ⟷ 血管系统　　交通网 ⟷ 四肢系统　　信息网 ⟷ 神经系统

图1　三网与人的三大系统类比

　　三网均具有动力层、物理层、数据层、应用层、业态层五层结构（见图2）。**在动力层**，推动能源供需协同和结构优化，实现能源融合，为三网提供安全、高效、清洁的能源保障。**在物理层**，推动三网通道、枢纽、设备和终端集成共享，实现设施融合，减少土地和空间占用，提高投入产出。**在数据层**，推动各类数据跨平台共享，实现数据融合，创造更大效益。**在应用层**，推动三网业务协同和服务创新，实现业务融合，提高业务水平和企业效益。**在业态层**，打破行业壁垒，实现产业融合，培育新业态、新模式和新产业，构建三网融合产业生态圈。

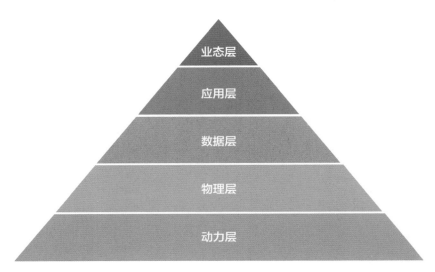

图2 三网的五层结构

通过分层对接，实现能源、设施、数据、业务和产业融合，促进能源流、物质流、信息流、价值流"四流合一"，形成协同创新、开放共享、合作共赢的发展格局，能够实现三网价值创造的最大化（见图3）。

图3 三网融合的价值——"四流合一"

专栏 6-7 　　　　　**三网融合促进生物栖息地保护**

　　城市土地资源紧张，是三网融合发展的重要突破口，也是生物栖息地保护的重点地区。在城市推进综合管廊、多站融合、光伏公路等，能够实现三网土地和空间资源的高效利用，降低建设和运维成本，最大限度减少城市生物栖息地破坏。目前，中国正在推进雄安新区建设，城市规划坚持生态优先、绿色发展，充分考虑资源环节承载能力，推动基础设施集约高效、绿色低碳发展，并在城市内规划了大量森林斑块和生态廊道，促进动植物栖息地保护。

1. 城市综合管廊建设

　　在城市地下集中布置交通、电力、通信、供水、供热、制冷、燃气等多种设施，有效利用城市地下空间，节约城市用地，还可避免因敷设和维护地下管线造成的反复开挖，减少生态环境破坏，增加城市绿化和生物栖息地联通空间（见图 1）。

图 1　地下综合管廊

　　雄安新区综合管廊自上而下可分为轨道交通、管道、市政管网、地下空间、智能设施等。以雄安高铁站枢纽片区综合管廊为例，最大开挖深度 22.5 米，相当于 7 层住宅楼的高度。管廊采用三层四舱结构，最上面是物流通道层，中间是行人层和设备层，最下面是四个不同功能的管线舱，满足未来城市能源、电力、通信、供水的传输需求。

2. 多站融合建设

变电站、电动汽车充电站和数据中心是三网的重要枢纽，可以统一规划、建设和运维，以节约占地。推动枢纽站点与城市绿化有机结合，打造绿色枢纽站点，为保护城市生态环境发挥重要作用。剧村变电站是雄安新区投产的第一座枢纽变电站，能够满足 7 万人的生活用电。变电站建设以电为中心的清洁能源供应系统，采用地上钢结构形式，配合三面起坡设计，在变电站顶部建设绿地公园，将公园和变电站融合在一起。

3. 光伏公路

在路面及周边铺设光伏太阳能板（见图 2），实现道路走廊和能源网一体化建设，能够产生巨大的效益。中国高速公路里程超过 13 万千米，可安装太阳能光伏发电，装机容量达 6.4 亿千瓦，能够节约土地面积超过 4000 平方千米，实现土地空间资源的高效利用，有效拓展生物生存空间。

图 2　光伏公路

6.3.3 加快海岛微网建设

在图瓦卢、库克、帕劳、萨摩亚等众多小岛屿国家积极发展太阳能、风能、潮汐能、波浪能等清洁能源，结合新型环保储能技术，建设安全可靠、经济高效、绿色低碳的微型海岛电网，为岛屿提供无污染、不间断的 100%绿色能源供应，以充足廉价的清洁能源促进岛屿生活污水处理、海水淡化、固废无害化处理，有效减少因柴油等化石能源使用带来的岛屿污染和栖息地破坏。

专栏 6-8　　　海岛微网与岛屿栖息地保护

小岛屿国家和地区的供电多由柴油发电机提供，由于大部分海岛自身不生产化石能源，柴油、汽油等，完全需要通过进口，既给本不富裕的小岛屿国家和地区增加了能源使用成本，又带来了环境污染和岛屿栖息地破坏等一系列问题；并且，通过中小型船舶为小岛屿国家和地区提供能源的运输方式受天气影响很大，小岛屿能源供应时常中断，能源安全得不到保障。

以太平洋岛国库克群岛为例，库克群岛在 2012 年前完全依赖进口柴油发电，2012 年柴油发电的燃料成本高达 2980 万美元，占该国货物进口总金额的 25%以上，平均用电成本更是超过 0.6 美元。过高的用能成本和时断时续的电力供应严重制约了库克群岛的经济社会发展，也带来环境污染和生态破坏等一系列问题。由于缺乏电力，库克群岛上缺乏现代化的生活污水和垃圾无害化处理方式，随着岛上居民生活水平的提升，岛屿生态环境和生物栖息地带来更多负面影响。近年来，库克群岛积极发展"光伏+储能"等海岛微网项目，目前用电成本已降至 0.5 美元以下，降低了 20%以上。

据统计，全球共有 39 个小岛屿发展中国家，主要分布在加勒比、太平洋以及非洲、印度洋、地中海等地区，人口总量超过 6000 万，其中绝大部分小岛屿发展中国家的电力供应严重依赖于柴油发电，柴油等化石燃料进口占小岛屿国家货物进口总额的 10%~20%。发展海岛微网（见图 1），保障能源绿色低碳、安全可靠、经济高效供应，既对小岛屿国家经济社会发展具有重要意义，又促进岛屿上污水、生活垃圾等处理，减少化石能源使用带来的生态破坏，有力促进岛屿生物栖息地保护。

图 1　岛屿"光储"微网

6.4　全球能源互联网促进生物资源可持续利用方案

通过构建全球能源互联网，加快实施以电代柴，以电制冷和电制材料等，能够有效减少森林、动物、植物等生物资源的大量消耗，以更经济、合理、高效的方式满足人类对各类生物资源的需求，实现对生物资源的可持续利用。

6.4.1　以电代柴减少森林砍伐

加快以清洁电力取代薪柴等初级生物能源，推广应用电炊具、电采暖等新技术、新设备，解决偏远乡村和欠发达地区的燃料使用问题，减少森林的过度砍伐。特别是对撒哈拉以南非洲等严重依赖木材烹饪、取暖的地区❶，加快实施以电代柴，改善居民用能结构，降低用能成本，保护森林生态，留住绿水青山。

---

❶ 2017 年撒哈拉以南非洲地区仍有约 8 亿人依赖木材烹饪、取暖，平均每年砍伐森林 2.8 万平方千米，占全球人为破坏森林总量的 2%~7%。

中国闽西山村推广"以电代柴"成效显著

中国闽西宁化县淮土、石壁两镇居住着农户 1.68 万户，约 7.1 万人。以前当地每户每年平均上山砍柴 120 担，约 4 立方米木材，两镇农户每年耗费木材达 8 万立方米，一年就要"烧光一座山"。

2012 年年初，当地政府对淮土、石壁两镇颁布了"封山育林八条禁令"，全面推广"以电代柴"，用清洁电能取代木材燃料，并发动群众每年种植生态林、油茶林、经济林达 2 万亩。到 2017 年，该地区森林覆盖率已从 2012 年的 51% 上升至 76%，大片森林植被得到有效保护，各类珍稀野生动物重返家园，苏门羚、黑熊、大羚猫、华南虎、金钱豹、银豹、白颈长尾雉等野生动物纷纷出现在这片山林中。

6.4.2　以电制冷减少食品浪费

大力实施清洁电力高效制冷行动，推广应用冷藏、冷链等食品储藏技术，积极发展低温包装、冷链仓储、冷链运输，减少粮食及各类食品在生产、储藏、运输、销售、使用各环节，因得不到有效保存而产生的腐烂变质，有效降低食品浪费和过度消耗。

全球生鲜农产品冷链物流发展

全球每年约有 1/3 的食物被丢弃或浪费，包括 30% 的粮食，40%～50% 的根茎类蔬菜，20% 的肉蛋奶产品以及 35% 的鱼类，总价值超过 1 万亿美元。生鲜农产品冷链流通是保持食物从生产到消费全过程始终处于低温环境下，延长保鲜时间，减少食物损失的有效途径，对储运环境、管理流程要求很高。

如图 1 所示，在全球冷链物流领域，日本、美国、德国、英国和加拿大等发达国家处于世界领先地位，生鲜农产品冷链流通率达到 80%～90%。近年来，中国冷链物流产业迅速发展，农产品冷链物流体系不断健全。2019 年，中国水产品、肉类、果蔬冷链流通率分别达到 69%、57%、

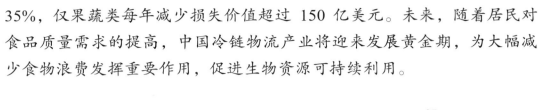

35%，仅果蔬类每年减少损失价值超过 150 亿美元。未来，随着居民对食品质量需求的提高，中国冷链物流产业将迎来发展黄金期，为大幅减少食物浪费发挥重要作用，促进生物资源可持续利用。

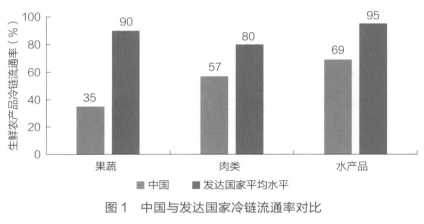

图 1　中国与发达国家冷链流通率对比

6.4.3　以电制材料减少生物资源消耗

大力实施电制燃料和材料行动，利用清洁电力电解水制氢，与二氧化碳反应制备甲烷、甲醇等燃料，并通过合成反应进一步生成高分子有机原材料，如乙烯、丙烯等，实现有机原材料的高效制备。加快电制蛋白质等技术的推广应用，减少生物资源过度利用。预计到 2035 年，电制原材料、电制蛋白质等产业实现规模化发展；到 2050 年，电制甲烷年产量达到 500 亿立方米。

6.4.4　以产业链提升促进生态扶贫

大力实施光伏扶贫、生态旅游等行动，提高经济欠发达地区的发展水平，减少围湖造田、伐木毁林、过度放牧、过度狩猎野生动物等破坏自然生态的落后生产方式，增强欠发达地区绿色发展能力。在拥有丰富清洁能源资源的欠发达地区，加快开发太阳能和风能，推广光伏扶贫、风电扶贫模式，拓展当地居民收入来源，提高收入水平，改善生活质量。在其他欠发达地区，可发展电工装备等先进制造业和生态旅游等服务业，提升产业链和价值链，以更少的自然资源投入获得更大的价值，实现生物资源的可持续利用。

专栏 6-11　**中国"光伏扶贫"成效显著**

光伏扶贫主要是在农民住房屋顶和农业大棚上铺设太阳能电池板，实现光伏发电"自发自用、余电上网"，既可解决农民用电问题，又能够为农民创收。一个 300 千瓦的光伏电站每年收益可达 20 万元人民币以上，且在产品质量合格、运维管理有保障的状态下，能够实现长达 20 年的稳定收益。

截至 2020 年 7 月，中国累计光伏扶贫规模达到 2649 万千瓦，惠及 418 万户贫困户，按每户 3 人算，相当于帮扶 1200 多万贫困人口，是目前为止受益面最广的单一扶贫产业，为中国减贫扶贫工作发挥了重要作用。

6.5　全球能源互联网促进生态修复和应急保护方案

构建全球能源互联网，大力推动"电—水—土—林"协同发展，将有效解决水资源短缺问题，有力促进荒漠地区生态恢复与保护；以无处不在的清洁能源为基础，推动建设可知可测的生物多样性监测系统，提升生物多样性保护水平；推动实施野生动植物的应急保护工程，为濒危动植物提供有针对性的高效保护。

6.5.1　加快"电—水—土—林"的推广应用

在西亚、北非、南美洲西部和大洋洲等沿海且风光资源丰富的荒漠地区，大力推广"电—水—土—林"生态修复模式，加快建设以清洁能源发电为供能方式的海水（咸水）淡化工程，解决淡水资源短缺问题，促进荒漠、稀树草原、戈壁等较脆弱地区的生态保护与恢复。

专栏 6-12　**"电—水—土—林"发展模式应用**

阿联酋等西亚海湾阿拉伯国家气候炎热干燥，年平均降水量不足 42 毫米，但由于较高的生活水平，阿联酋全国人均日用水量超过 7 立方米，仅次于美国和加拿大，位居世界第三位。据统计，阿联酋迪拜年用水量已超过自身可再生自然水资源量的 26 倍，其淡水供应主要依靠地下水源和海水淡化。之前长期大量开采地下水源已使该地区地下蓄水层水质严重退化，井水盐碱化趋势明显，对当地生态环境构成了极大威胁。通过大规模发展光伏发电，以充足的清洁能源推动海水淡化，阿联酋目前每天可以通过海水淡化的方式获取超过 450 万吨淡水，可满足全国 98% 的家庭和工业用水。通过节水滴灌技术，淡化的海水被广泛用于当地荒漠地区植被涵养。目前，迪拜这个建在沙漠上的城市绿化率已达 25%，人均拥有绿地面积高达 25 平方米。

6.5.2 推动建立可知可测的生物多样性监测系统

充分发挥全球能源互联网的能源保障作用，大力建设覆盖森林、草原、荒漠等多种生态的生物多样性监控系统，加快实现对全球生物多样性的可知可测，为促进生物多样性保护提供技术和数据支撑。特别是针对濒危生物的不同层次、不同类群、不同生境具体监测要求，建立全方位监测预警和综合评估平台，为濒危动植物保护提供关键数据、系统分析和最佳保护方案。

专栏 6-13　　　生态监控促进象群保护

2021 年 4 月，一群亚洲象从云南西双版纳出发（见图 1），迁徙数百千米，一度到达云南昆明市，但象群的整个迁徙过程中没有发生一例人象冲突事件。大象的顺利迁徙得益于生态监测的系统应用，云南多地建立无人机监控、红外相机监控、智能视频监控、智能广播系统预警和特定人群手机 App 预警为一体的亚洲象监测预警体系，从监测识别大象到发出预警，只需 12 秒，24 小时对区域内野生亚洲象数量、活动规律等信息进行不间断监测预警，既减少人类的损失，也为亚洲象迁徙创造人文和生态走廊。此外，通过记录野生亚洲象的形态特征，准确识别大象的耳、门齿、背、尾、疤痕、面部骨骼等特征，对经过本地区的象群和独象进行个体识别并命名，建立象群个体信息库。

图 1　亚洲象迁徙

　　得益于完善的生态监控系统和综合保护，云南野生亚洲象种群数量由 20 世纪 80 年代初约 190 头，发展到目前约 300 头，保护成效显著。

6.5.3　提升野生生物应急保护能力

　　以清洁电力为主要能源供应，大力实施供水、动物救助、山火防护等应急保护工程，对野生动植物实施有效保护，助力生物多样性保护。

　　实施供水保障工程。在非洲草原，旱季雨水少，缺水严重，是造成动植物大量死亡的重要原因。在生物栖息地建设水泵、机井等供水装置，于干旱季节抽取地下水，为野生动植物提供充足、安全的水源，减少因为缺水而导致的动植物死亡。

　　实施动物救护工程。在自然保护区，建设环境友好的动物收容站、救护站，用"光伏+储能"的分布式微网为站点提供充足的清洁能源供应，既不破坏保护区环境，又能够对濒危动物实施有效救助和保护，维护和改善动物生存环境。

实施山火预警与防护工程。在大洋洲、南美洲、北美洲和欧洲南部等地区，山火频发，导致大量动植物死亡。2020 年，澳洲山火覆盖面积超过 10.7 万平方千米，导致 10 亿只野生动物丧生。加快建设山火防护预警与防护工程，降低大规模山火对域内野生生物的损害。

专栏 6-14　清洁能源助力濒危动物保护

藏羚羊是中国国家一级保护动物（见图 1），分布栖息于新疆的阿尔金山、西藏羌塘，以及青海的曲麻河等地区，是青藏高原的基础物种，也是构成青藏高原自然生态极为重要的组成部分，对维持高原生态平衡十分重要。由于生态破坏和盗猎，藏羚羊数量在 20 世纪八九十年代一度下降至不足 7 万只。

图 1　可可西里的藏羚羊群

21 世纪以来，中国加大了对藏羚羊的保护和救助力度，在可可西里等保护区建立藏羚羊救助站，特别是在藏羚羊产崽季节对小藏羚羊进行及时施救。得益于数十年的持续救助和有效的生态保护，中国藏羚羊的种群数量已超过 30 万只，较 20 世纪末增长 3 倍以上。

　清洁能源助力保障野生动物饮水安全

　　非洲 1/3 的大象生活在博茨瓦纳。2020 年夏天，博茨瓦纳奥卡万戈三角洲出现 300 多具大象尸骸（见图 1）。事后的调查结果表明导致大象集体死亡的元凶是池塘水面上漂浮的蓝绿藻，准确地说，是这种具有光合作用能力的细菌产生的毒素，使大象平时饮用的水变成毒汤，其产生的毒素不仅对大象有害，还危害人类、鸟类、鱼类等多种生物。

图 1　博茨瓦纳大象饮用不洁水后死亡

　　在富营养化和全球气候变暖的影响下，非洲尤其是南部非洲在旱季的气候变得更加炎热干燥，为蓝绿藻的快速大量繁殖创造了极佳条件。据统计，非洲大陆水体的微囊藻毒素（最常见和毒性最强的蓝藻毒素种类）浓度平均值高达 8836 微克/升，远高于世界卫生组织 WHO 建议的哺乳动物和人类暂定的每日摄入容量指导值 1.0 微克/升，并且非洲南部的情况尤其严重（发现大象大规模死亡的博茨瓦纳位于南部），微囊藻毒素平均浓度达到 WHO 指导值的 1.34 万倍以上。小池塘和水坑作为野生动物重要的饮用水源地，在气候变化和富营养化的共同作用下，正成为蓝绿藻繁殖的温床，显著增加了非洲濒危动物的灭绝风险。

　　构建全球能源互联网，实现清洁能源充足、泛在供应，推动在野生动物常用饮水点增加水质监测和水质净化装置，有效减少蓝绿藻等有害藻类大规模繁殖，为濒危野生动物提供饮用水应急保护。

6.6　全球能源互联网促进生物多样性关键技术创新方案

推动以全球能源互联网促进生物多样性，需要技术创新提供坚强保障，重点是推进清洁能源发电、配置、利用，电制燃料和原材料，碳捕集、利用与封存等技术创新突破，进一步提升经济性、高效性和可靠性，加快推动全球生物多样性保护，实现人与自然和谐共处，如图 6.14 所示。

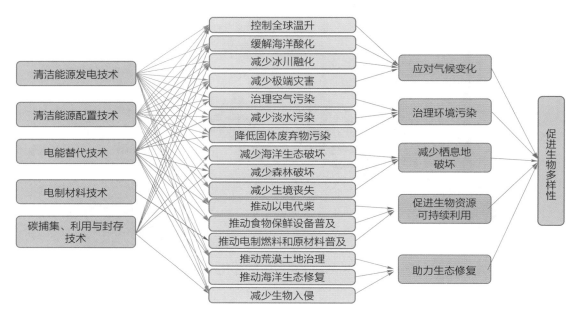

图 6.14　全球能源互联网促进生物多样性关键技术

6.6.1　加快清洁能源发电技术创新

清洁能源发电技术是高效利用清洁能源，有效控制温室气体排放的关键技术，是实现清洁能源大规模开发、加速碳减排、减少环境污染的重要基础，重点领域包括太阳能发电、风力发电技术等。

1　太阳能发电技术

太阳能发电主要包括光伏发电和光热发电两类，其中，光伏发电是目前进步最快、发展潜力最大的清洁能源发电技术之一，未来发展重点是提高太阳能利用效率。

研究高电转化效率光伏材料。单晶硅、多晶硅等硅基光伏材料理论光电转化效率可达 40% 左右，而目前实际转化效率约 20%，未来还有很大的发展空间。此外，非晶硅、微晶硅、碲化镉、铜铟镓硒化物等光伏材料可制成薄膜电池，成本较硅基太阳能电池具有明显优势，发展潜力巨大。

制造和安装趋向薄片化、简易化。目前全球薄膜电池产量占太阳能电池总产量的 4.6%。光伏电池实现薄片化制造后，更易安装在建筑物上，甚至可以喷涂在建筑物表面，可大大节省安装成本。

发展太阳能追踪技术。太阳能追踪系统通过调节光伏板角度，一般可将年辐照强度提高 30% 左右，最大限度提高太阳能利用效率，但目前技术成本较高，未来有望实现大规模商业化应用。

2　风力发电技术

风力发电是最具规模化开发应用前景的能源发电技术之一，重点向大型化、低风速、适应极端气候条件方向发展。

研究风电单机容量大型化技术。海上风能平稳充足，是未来风电开发的重点地区。风电机组单机容量大型化，可增加风机叶轮扫风面积，提高海上风能利用效率和年发电利用小时数，降低发电成本。预计 2025 年，海上风电单机容量可达 20 兆瓦。

研究低风速风机技术。一般双馈式风机启动风速超过 4 米/秒，而城市周边、部分近海海域有很多低风速地区，开发利用这些风资源，需要研发低风速风机技术。直驱式风机可在 2 米/秒的低风速下启动，但实现大范围商业应用需要进一步降低成本。

研究适应极端气候条件的风机技术。极寒气候条件下，风机叶片容易结冰，严重影响利用效率。目前，一般风机在 -30℃ 时将自动停机。为适应北极风电的大规模开发，需要重点研究风机机体加热、叶片表面憎水涂料、耐低温材料等技术，解决风机耐受北极极端气候问题。

6.6.2 加快清洁能源配置技术创新

构建以清洁主导、电为中心、全球配置的能源发展格局，决定了电网技术在未来能源发展中的关键作用，需要不断提高电网输送能力、配置能力和经济性，重点加快特高压输电、高电压大容量直流海缆、大电网运行控制等技术突破，为实现全球电网互联、促进世界清洁发展、改善全球生态环境奠定基础。

1 特高压输电技术

进一步提升特高压输电容量和距离。 在现有特高压输电技术基础上，未来将研究发展更高电压、更大容量的交直流输电技术。随着电压控制技术、绝缘与过电压技术、电磁环境和噪声控制技术、外绝缘配合、关键设备制造等技术进一步取得创新突破，特高压输电距离和输电容量将进一步提升。

研制高可靠性的换流变压器、换流阀、直流断路器等关键设备。 直流输电技术是连接大型能源基地和用电负荷中心的主要技术形式。预计 2030 年左右，±1500 千伏电压等级、2000 万千瓦输送容量的特高压直流输电技术实现全面突破，换流变压器、换流阀、平波电抗器等设备造价有望分别下降 24%、15%、29%。

研制适应极热极寒地区的特高压输电设备。 目前特高压工程运行环境温度在最低 -50～-40℃，最高 50～60℃，而北极最低温度达到 -68℃，赤道附近最高地面温度超过 80℃，均超过现有特高压输电装备承受范围。未来需要研究适用于极寒与极热地区的全套特高压输电装备，满足"一极一道（北极、赤道）"等大型清洁能源基地电力送出需求。

2 高电压大容量直流海缆技术

高压直流海缆是实现海上风电开发及跨海电网互联的重要输电形式。目前最高技术水平（电压等级/输电功率）达到 ±700 千伏/340 万千瓦[1]，未来向高

---

[1] 资料来源：全球能源互联网发展合作组织，高电压大容量直流海缆技术发展路线图，北京：中国电力出版社，2020。

电压、长距离、大容量方向发展。加快突破绝缘材料、加工工艺、附件技术、施工等诸多技术，其中绝缘材料的电气性能、结构设计和工艺是电压提升的核心瓶颈，导体截面和绝缘材料热特性是提升容量的主要挑战。**预计 2025 年，**直流海缆能达到 ±800 千伏/400 万千瓦水平并应用于工程。随着绝缘材料耐热性能的进一步提高，**到 2035 年，**可达到 ±800 千伏/800 万千瓦水平。**到 2050年，**导体和绝缘材料特性取得重大突破的条件下，有望突破 ±1100 千伏电压等级技术水平。

3　**大电网运行控制技术**

特大型交直流混合电网是电力规模化集中汇集、远距离跨洲传输、大范围灵活配置的重要基础平台，未来主要向更安全、更快速、更智能方向发展。

研究大电网安全稳定机理、特性和分析技术。为适应未来特大型交直流混合电网，需要加快暂态稳定机理分析、大区互联电网低频振荡的特征及其发生机理、大电网连锁故障机理、复杂性理论在大停电机理分析中的应用等研究。

研究实时 / 超实时仿真和决策技术。离线、在线、实时、超实时是在时间尺度上依次递进的，随着电网规模扩大，对电网运行分析、决策的时效性要求越来越高。未来，电网实时和超实时仿真技术发展，将进一步提高大电网安全运行控制水平。

研究电网故障诊断、恢复及自动重构技术。随着计算机技术和控制理论的发展，基于故障在线监测与诊断、新型继电保护及广域后备保护、故障后恢复策略寻优、智能重构等新技术，电网对各种运行环境、不同类型故障都具有很强的安全稳定性，表现出极强的故障自愈功能，极大提升在连锁故障、极端灾害天气等条件下的大电网防御能力。

6.6.3　加快电能替代技术创新

电能具有清洁、安全、便捷等优势。加快电能替代技术创新，对于推动能源消费革命、实现清洁发展意义重大，是加速化石能源退出、应对气候变化、促进生物多样性保护的重要举措。

1 交通电气化技术

目前交通领域电气化率仅为 1.3%。加快交通电气化发展是未来实现交通领域清洁转型的关键。未来技术发展重点集中在"三电技术",即动力电池技术、驱动电机技术以及电机控制技术,如图 6.15 所示。

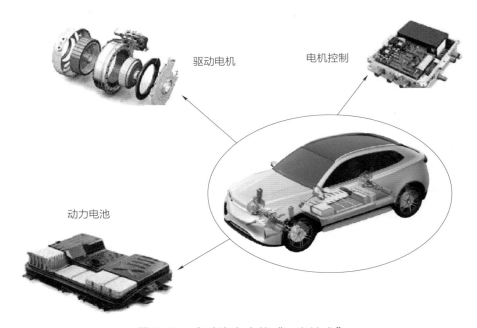

驱动电机　　　　　　电机控制

动力电池

图 6.15　电动汽车中的"三电技术"

研究高能量密度动力电池技术。加快转变动力电池技术路线,研发高性能锂离子电池、石墨烯锂电池等,在提升电池能量密度和安全性能、降低电池成本等方面实现根本性突破。同时,在配套充电设施方面,需要加大对无线充电和换电技术研发投入,大幅提高充电效率。

研究高性能驱动电机技术。目前,直流电机、永磁无刷直流电机、交流感应电机等存在过载能力低、电机温升高、永磁体退磁等问题。综合考虑驱动电机及其控制性能,未来电机技术重点研究方向是发展高功率密度、高效率的永磁同步电机,需要在电机拓扑结构设计、电机磁性材料、加工工艺等方面实现重大突破。

研究电机控制技术。电机控制策略直接影响电动交通的运行状态,目前主要采用变频调速控制、矢量控制等方法,总体还处于起步阶段,与适应复杂运行工况要求相比还有较大差距。未来，随着自适应控制、模糊控制、神经网络、遗传算法等智能控制技术推广应用，电机控制将向智能化方向发展。

2 电制热（冷）技术

电制热（冷）是电能直接或间接转化为热能的制热（冷）技术，发展方向是提高热效率、降低能耗、提高换热效率等。**在电加热炉方面**，重点研发包括提高电阻炉温控精度和自动化控制水平、超高功率电弧炉技术、精确温控感应加热系统、大型微波加热技术等。**在热泵、空调方面**，重点研发包括提高气候适应性、降低运行噪声、研发环保冷媒以及用于数据中心的非传统空调等。

6.6.4 加快电制燃料和原材料技术创新

电制燃料及原材料技术是利用清洁电力制备氢气、甲烷、甲醇等燃料和原材料，推动冶金、航天、工业制热等领域实现脱碳，能够大幅减少化石能源开发利用，有效遏制其对自然生态的破坏，促进生物多样性保护。

1 电制氢

氢是高能量密度的物质。未来，电制氢技术研发重点是提高各类电制氢技术的转化效率，降低设备成本。加快攻关电催化剂、质子交换膜等关键材料，膜电极、空气压缩机、储氢系统、氢循环系统等关键零部件。预计到 2030 年，清洁能源发电成本快速下降，电解水制氢将逐步具备经济性优势。电解水制氢成本将低于 2 美元/千克，成为具有竞争力的制氢方式，广泛应用于交通、合成氨、工业制热和冶炼等领域。预计到 2050 年，廉价、高效电催化剂及长寿命、高稳定性高温固体氧化物电堆等关键技术取得突破，高温固体氧化物电解槽等技术趋于成熟，清洁能源发电成本进一步下降，电解水制氢成本将降至 1 美元/千克，成为最具竞争力和主流制氢方式。氢在交通、工业等领域得到日益广泛的应用。

2 电制甲烷

甲烷是天然气的主要成分，是广泛使用的燃料。未来，电制甲烷技术主要发展方向是提高转化效率，降低设备成本。加快攻关高效反应器、提高副产热量利用效率、研究二氧化碳直接电还原技术。**预计到 2030 年**，通过优化电解水和甲烷化两套系统的集成和配合，加强甲烷化工序的热量管理，增加反应余热回收。电制甲烷综合能效可提高到 60%，成本将降至 0.8 美元/立方米左右，开始在部分终端用户实现示范应用。**预计到 2050 年**，电解水和甲烷化系统趋于成熟，同时二氧化碳直接电还原制甲烷技术取得突破，在分布式应用场景得到推广。电制甲烷综合能效提高到 70%，成本将降至 0.4 美元/立方米左右，在远离天然气产地的用能终端得到广泛应用。

3 电制甲醇

甲醇是优质的能源，也是碳一化工的重要原料。电制甲醇是利用电解水制氢后通过二氧化碳加氢合成甲醇的技术，未来发展方向是提高转化效率，降低设备成本。研发高效反应器和催化剂、提高副产热量利用效率、研究二氧化碳直接电还原制甲醇技术是重点攻关方向。技术的进步和清洁能源发电成本下降，将推动电制甲醇应用范围逐步扩大。**预计到 2030 年**，电制甲醇成本将降至约 0.54 美元/千克，在清洁能源富集地区逐步开展商业化实验和示范。**预计 2050 年**，二氧化碳甲醇化反应的单程转化率、选择性有显著提升，电解槽、辅机等设备成本显著下降，电制甲醇成本将降至 0.26 美元/千克，初步构建以电制甲醇为核心的电制原材料产业链，诸多下游化工产业得到发展，以清洁能源为驱动力、水和二氧化碳为"粮食"的电制原材料开始走向千家万户。

6.6.5　加快碳捕集、利用与封存技术创新

二氧化碳捕集、利用与封存（Carbon Dioxide Capture，Utilization and Storage，CCUS）是指将二氧化碳从排放源中分离后捕集、直接加以利用或封存以实现二氧化碳减排的过程，主要包括碳捕集、输送、封存和利用技术，如图 6.16 所示。CCUS 是一项新兴产业，目前还处在研发和示范阶段，未来发展趋于集约化、产业化。**预计 2030 年**，全球现有 CCUS 技术开始进入商业

应用阶段并具备产业化能力，第一代捕集技术的成本与能耗比目前降低 10%～15%，第二代捕集技术的成本与第一代技术接近，并建成具有单管 200 万吨/年输送能力的陆地长输管道。**2035 年**，第一代捕集技术的成本及能耗与目前相比降低 15%～25%，第二代捕集技术实现商业应用，成本比第一代技术降低 5%～10%；新型利用技术具备产业化能力，并实现商业化运行；地质封存安全性保障技术获得突破，大规模示范项目建成。**2040 年**，CCUS 系统集成与风险管控技术得到突破，初步建成 CCUS 集群，集约化发展促进 CCUS 综合成本大幅降低；第二代捕集技术成本比当前捕集成本降低 40%～50%，并在各行业实现商业应用。**2050 年**，CCUS 技术实现广泛部署，建成多个 CCUS 产业集群。

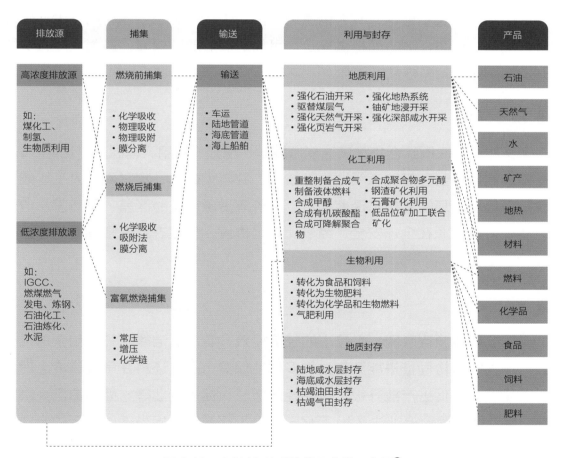

图 6.16　CCUS 技术流程及分类示意图❶

---

❶ 资料来源：科学技术部社会发展科技司，中国 21 世纪议程管理中心，中国碳捕集利用与封存技术发展路线图，2019。

6.6　全球能源互联网促进生物多样性关键技术创新方案

6.7 全球能源互联网为促进生物多样性保护提供极佳工具

构建全球能源互联网，加快能源电力革命，将在应对气候变化、治理环境污染、减少栖息地破坏、促进生物资源可持续利用、助力生态修复等方面统筹发力，为促进全球生物多样性提供了切实可行、先进高效、系统全面的极佳工具，具有以下四个方面的显著优势。

1 行之有效

构建全球能源互联网，以能源生产清洁化和消费电气化加速全球能源电力绿色革命，能够在保障人类经济社会发展用能的基础上，加快发展与碳排放脱钩，减少环境污染和破坏，并为栖息地保护、生物资源可持续利用、生态修复和野生动植物应急保护方面提供充足、可靠的清洁能源保障，最大程度减少能源开发利用对生物多样性的破坏。

2 技术先进

全球能源互联网综合集成清洁能源发电、配置、利用，电制燃料和原材料，碳捕集、利用与封存等能源领域先进技术，并与大数据、物联网、人工智能、区块链等最新信息智能技术深度融合，将统筹资源差、时区差、季节差、电价差，实现清洁能源在全球安全、经济、充足供应，为生态系统修复提供绿色能源保障。

3 经济高效

构建全球能源互联网，以较小的经济投入，实现清洁能源开发和全球优化配置，不仅能够协同推进能源与生物多样性保护，而且还将在气候环境治理、减少贫困疾病、促进产业升级、拉动经济增长、促进就业等方面创造巨大协同效益，累计增加社会福祉达 720 万亿~800 万亿美元，相当于 1 美元的全球能源互联网投资带来超过 9 美元的生物和人类福祉，为生态繁荣和经济社会发展提供强大支撑。

4　条件具备

目前，涵盖全球、各大洲及重点地区的顶层设计已经完成，构建全球能源互联网各方面条件均已具备。**资源方面**，全球水能、风能、太阳能总开发潜力超过 130 万亿千瓦，仅开发万分之五就可以满足人类需求。**技术方面**，特高压输电技术先进成熟，清洁能源发电技术不断进步，智能电网技术广泛应用。**成本方面**，到 2035 年，水能、风能、太阳能发电平均度电成本将分别降至 4、2.5、1.8 美分，效益显著。**政治方面**，构建全球能源互联网符合全人类和每个国家的利益，已纳入落实联合国"2030 年议程"、促进《巴黎协定》实施、推动全球环境治理和"一带一路"建设等工作框架，得到国际社会广泛支持，已成为全球共识。

7　机制建设与前景展望

以全球能源互联网推动能源电力革命、保护生物多样性，需要机制建设提供保障，关键要进一步提高机制适应性、灵活性和普惠性，保障和促进能源电力与生物多样性协同治理。同时，需要对全球能源互联网促进生物多样性的前景进行展望，向各国政府、国际组织、企业机构等提出有关建议，共促能源电力革命和生物多样性保护。

7.1 全球能源互联网促进生物多样性重要机制

全球能源互联网促进生物多样性保护，需要在规划统筹、政策保障、金融投资、国际合作、能力建设等方面加强机制创新，推动联合国、各国政府、国际组织、企业机构和社会公众等各方共同努力，将全球能源互联网作为促进生物多样性保护的重要方案，纳入全球生物多样性保护工作框架，促进经济发展与生态保护协调统一，共同构建地球生命共同体，如图 7.1 所示。

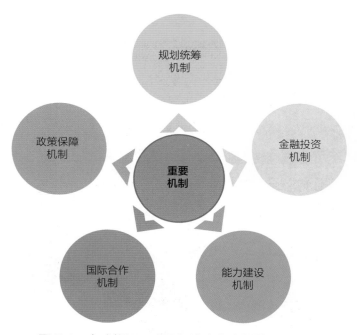

图 7.1 全球能源互联网促进生物多样性重要机制

7.1.1　规划统筹机制

规划统筹不仅关乎顶层设计，也直接影响具体实践，需要完善以全球能源互联网促进生物多样性的规划统筹机制，综合考虑生物多样性保护影响要素，推动全球能源互联网与生物多样性协同发展。规划统筹机制创新重点是优化规划方法、统筹影响要素、推动规划对接。

优化规划方法。按照创新、协调、绿色、开放、共享的新发展理念和生物多样性保护恢复的核心要求，建立基础设施与生物多样性保护的综合规划方案。开展效益分析，健全标准化规划流程，运用全球能源互联网规划成果和发展合作平台，从规划源头上推动基础设施开发更加低碳环保。

统筹影响要素。统筹考虑生物种群变化等内在因素与人口、经济、科技、社会、政治和文化等外在因素，协调推进生物多样性保护与全球能源互联网建设，促进各因素的压力消解与动力转化，最大程度实现生物多样性保护、持续利用和惠益分享三大目标。

推动规划对接。采取全球顶层设计和各国自主规划相结合的原则，推动全球和区域规划与各国能源发展规划协调对接，强化能源发展与生态保护有效衔接，促进发电、输电、用电等各环节统一规划、统一实施，以更高质量、更高水平推进全球能源互联网与保护生物多样性协调发展。

7.1.2　政策保障机制

全球能源互联网促进生物多样性需要充分发挥政策的引领和保障作用，在联合国 2020—2030 年生物多样性行动框架指导下，明确保护生物多样性的政策法规、奖惩措施，加强监管管理力度和方式创新，建立跨国、跨行业政策协同机制，为保护生物多样性提供重要支撑。

健全政策法规。建立健全以全球能源互联网促进生物资源保护与可持续利用的政策，加快制定推动清洁发展、电网互联、能效提升、电能替代、电制燃料和原材料等方面的法律法规，引导全球能源互联网建设和生物多样性保护。

推动监管创新。加强生物多样性保护监督管理力度和方式创新，建立相关监管部门"横向协同、纵向贯通"的协同监管机制，因地制宜制定全球能源互联网促进生物多样性的政策落地方案和配套措施，提升政务服务和监管能力水平。

推进政策协同。建立全球能源互联网促进生物多样性的政策协调体系，推动各国强化政策协同，消除政策障碍。建立跨行业政策协调机制，统筹能源、生态领域各行业对产业发展、工程建设、资金保障、技术创新等方面政策需求，发挥政策合力，保障能源发展与生物多样性保护协同发展。

7.1.3　金融投资机制

建设全球能源互联网，促进生物多样性保护，需要充足的资金保障和优质的金融服务，建立完善的金融投资机制，保障资金供给和运用状况稳定。金融投资机制创新重点是丰富资金来源、完善资金分配、加强金融服务。

丰富资金来源。发挥全球能源互联网发展合作平台在项目开发、资金筹措等方面的关键作用，吸引全球国有与私有资本广泛投资清洁能源开发、电力互联、电能替代、碳捕集与封存等促进生物多样性保护的有关项目。

完善资金分配。建立健全全球能源互联网促进生物多样性的资金分配和使用制度，丰富生态修复资金管理机制，公平分担建设成本，合理分享项目收益，充分激发市场活力，引导和促进清洁能源开发、电网互联项目落地实施。

加强金融服务。鼓励保险公司等金融机构提供丰富多样的保险产品和风险管理工具，引导咨询公司、信用评级机构等金融服务机构积极参与以全球能源互联网促进生物多样性的项目，提供金融咨询、风险评估、信用评级等相关服务。

7.1.4　国际合作机制

国际合作是构建全球能源互联网，促进生物多样性保护的基础和保障，需要各国政府、企业机构深度参与并不断扩大跨界合作，进一步完善相关领域的全球治理机制。国际合作机制创新重点是凝聚合作共识、打造合作平台、推进务实合作。

凝聚合作共识。加强对全球能源互联网促进生物多样性等理念的宣传，把构筑尊崇、顺应、保护自然的生态体系，共建繁荣、清洁、美丽世界的绿色发展理念融入生物多样性保护工作中，在国际社会形成广泛共识，为推动构建全球能源互联网打下思想基础。

打造合作平台。充分发挥联合国生物多样性公约秘书处、环境规划署，全球能源互联网发展合作组织等国际组织在统筹能源发展和生物多样性保护中的重要作用，联合能源、生态等领域相关企业、组织、机构共建促进生物多样性保护的国际合作平台，推动各方积极参与全球能源互联网建设。

推进务实合作。秉持开放包容、共建共享精神，协调各国制定全球能源互联网促进生物多样性治理规则，创新机构设置、工作机制和运行模式，在谋求本国发展中促进各国共同发展，不断扩大利益汇合点，增进南南合作、南北合作，实现全面深入合作。

7.1.5 能力建设机制

能力建设是提升发展中国家保护生物多样性知识、技术及管理水平的关键举措。当前，大部分发展中国家在生物多样性保护方面存在较大的"赤字"，普遍提出需要发达国家提供资金、技术等能力建设相关方面的支持，这些尚需进一步落实。能力建设机制创新重点是帮助发展中国家提高治理能力、加强人才建设、提升技术水平。

提高治理能力。坚持生态文明思想，以加快全球能源互联网建设为抓手，建立健全能源电力与自然环境协同治理机制，构建森林、海洋、湖泊、湿地及草原等生态系统保护和修复工作体系，增强发展中国家专项治理、系统治理、综合治理和源头治理能力，提高生物多样性治理水平。

加强人才建设。强化能源与环境等相关领域人才队伍建设，建立先进发达地区对欠发达地区的能力输送渠道和人才培养机制，加大对生物多样性研究的投入力度，以人才建设带动科研水平提升，促进全球能源互联网创新发展。

提升技术水平。坚持需求导向，加强基础研究，加快成果转化，推动清洁能源开发、电网互联、电能替代等领域技术创新。加强生物多样性保护相关技术转让、技术援助，打破发达国家技术垄断和绿色贸易壁垒，切实帮助发展中国家提高生物多样性保护的能力和韧性。

7.2　展望与倡议

全球能源互联网是清洁低碳的现代能源系统和环境友好的绿色基础设施体系，是实现世界能源电力革命的根本途径，能够促进经济社会发展与生物多样性保护的协同和双赢，有力推动生态文明和地球生命共同体建设。

推动自然万物各得其所。"万物各得其和以生，各得其养以成"。全球能源互联网秉持"创新、协调、绿色、开放、共享"的新发展理念，以清洁发展协同推进可持续发展与生物多样性保护。通过统筹考虑大气、土地、淡水等自然生态系统各要素和能源、环境、经济、社会等相关领域，形成能源资源供给充足、能源配置互联互通、能源使用清洁绿色、能源合作开放包容的新型能源体系，为应对气候变化、治理环境污染、减少栖息地破坏、促进生态环境修复等方面提供系统解决方案。这将有力扭转生物多样性下降趋势，减少全球 40%以上的鸟类物种、60%以上的两栖物种、占海洋总鱼类 1/4 的鱼类以及 10%～40%的哺乳动物的物种灭绝风险[1]，形成万物和谐共生新局面。

开创发展保护双赢格局。构建全球能源互联网，加快世界能源电力绿色革命，旨在实现"在发展中保护、在保护中发展"，开辟一条经济社会发展与生物多样性保护相互促进、协同推进的双赢之路。生物多样性提升带来更多高产量、高营养价值农作物，与充足的清洁能源供应一同推动高效生态农业发展，将极大提升粮食产量、促进多元化粮食供应，使非洲、亚洲、中南美洲等欠发达地区人们再无饥饿和营养不良之苦，也会大幅降低他们对野生生物需求和消耗。仿生技术和生物医药、生物化工、生物制药等快速发展，清洁能源为主体的战略新兴产业集群加快形成，为全球经济增长注入强劲动力。经济社会高质量发展也将进一步促进生物多样性保护，实现两者的协同与双赢。

---

[1] 资料来源：全球能源互联网发展合作组织，破解危机，北京：中国电力出版社，2020。

实现地球文明永续发展。构建全球能源互联网，以能源电力革命引领经济社会全面绿色转型发展，将推动人类从工业文明时代迈向生态文明时代。充足永续的清洁能源供应带来生产方式和产业结构大变革，清洁能源开发、生态环境保护、高效循环利用等科学技术快速发展，高消耗、高污染的传统生产方式被高科技、高效率、低消耗、低污染的绿色生产方式取代，以自然系统物质循环、能量转化、生物生长客观规律为依据的绿色生态产业成为主导产业，人们的物质生活更加充裕、精神生活更加丰富。充足永续的清洁能源供应带来思想观念和生活方式的深刻变革，"尊重自然、顺应自然""相融相和、共生共荣"的发展观和文明观成为主流，人们更加追求满足自身需要又不损害自然生态的生活。充足永续的清洁能源供应带来能源价值体系的重塑，能源不仅服务于人类社会，也将更多用于提升全人类、全生物的共同福祉，助力地球生命共同体建设，开创人与人、人与社会、人与自然和谐美好的永续文明。

以全球能源互联网推动能源电力革命、保护生物多样性是一项巨大的系统工程，需要各方携手努力、合作推进。为此，我们倡议：

增进全球共识。发挥联合国和各国政府主导作用，将以能源电力革命推动生物多样性保护作为重要任务，将生态文明发展理念纳入各级政策、法规、规划、激励措施，加大宣介力度，使社会公众充分认知、深度认同、积极参与以能源电力革命推动生物多样性保护的伟大事业。

汇聚全球合力。发挥国际组织统筹协调作用，坚持创新、协调、绿色、开放、共享的发展理念，以提升经济社会环境综合效益为目标，完善多边合作机制，促进各国在能源转型、基础设施建设、生态修复、生物多样性保护、资金保障、科技创新等方面政策协同、规划衔接、标准对接，凝聚共促能源电力革命、共建生态文明的强大合力。

加快全球行动。发挥企业、金融机构、大学智库等主体作用，以绿色低碳可持续发展为方向，结合自身实际情况，共同制定全球、区域、各国的战略规划、行动计划和实施路线图，加强理论研究、技术攻关、装备研发、模式创新，加快清洁能源开发、电力互联互通、自然保护区建设，推动全球能源互联网早日建成，促进人与自然和谐共处。

实现全球共赢。以能源互联互通为纽带，搭建开放包容、共享共赢的国际合作平台，发挥发达国家与发展中国家技术、资金、市场、资源互补优势，增加全球能源转型与生物多样性保护的资金来源，带动社会和私人资本，促进能源、金融、环保等产业联动发展、融合创新，加强能力建设、技术转让和科研合作，助力地球生命共同体建设。

全球能源互联网是造福地球生命的伟大事业，人人都是开拓者、建设者和受益者。让我们共同努力，加快建设全球能源互联网，推动能源电力革命，让这一保护生物多样性的"诺亚方舟"乘风破浪，开启生态文明新篇章，迈向永续发展新纪元。

图书在版编目（CIP）数据

生物多样性与能源电力革命 / 全球能源互联网发展合作组织著. —北京：中国电力出版社，2021.9
ISBN 978-7-5198-5961-9

Ⅰ．①生…　Ⅱ．①全…　Ⅲ．①生物多样性–生物资源保护–研究②能源–电力工业–研究　Ⅳ．①X176②TM7

中国版本图书馆 CIP 数据核字（2021）第 176057 号

出版发行：中国电力出版社
地　　址：北京市东城区北京站西街 19 号（邮政编码 100005）
网　　址：http://www.cepp.sgcc.com.cn
责任编辑：孙世通（010-63412326）　周天琦　高　畅　马　丹
责任校对：黄　蓓　王海南
装帧设计：北京锋尚制版有限公司
责任印制：钱兴根

印　　刷：北京瑞禾彩色印刷有限公司
版　　次：2021 年 9 月第一版
印　　次：2021 年 9 月北京第一次印刷
开　　本：889 毫米×1194 毫米　16 开本
印　　张：14.25
字　　数：246 千字
定　　价：160.00 元